요점만화

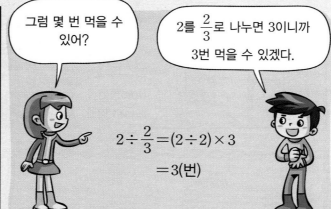

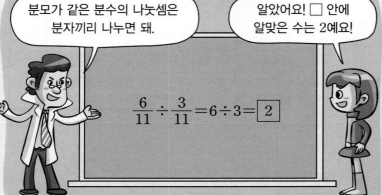

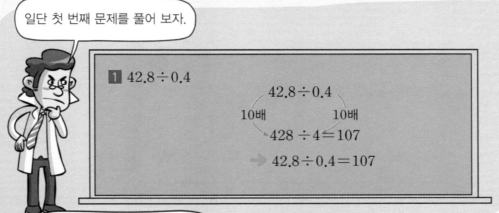

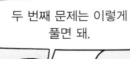

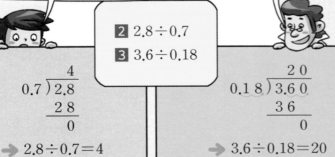

1. 분수의 나눗셈

1 분모가 같은 (분수)÷(분수) (1)

(1) 분모가 같은 (분수)÷(단위분수)

예) $\dfrac{4}{5} \div \dfrac{1}{5}$

$\dfrac{4}{5}$에는 $\dfrac{1}{5}$이 4번 들어갑니다. ➡ $\dfrac{4}{5} \div \dfrac{1}{5} = 4$

(2) 분자끼리 나누어떨어지는 (분수)÷(분수)

예) $\dfrac{4}{5} \div \dfrac{2}{5}$

$\dfrac{4}{5}$는 $\dfrac{1}{5}$이 4개, $\dfrac{2}{5}$는 $\dfrac{1}{5}$이 2개

➡ $\dfrac{4}{5} \div \dfrac{2}{5} = 4 \div 2 =$ ❶

2 분모가 같은 (분수)÷(분수) (2)

분자끼리 나누어떨어지지 않을 때에는 몫을 분수로 나타냅니다.

예) $\dfrac{7}{8} \div \dfrac{5}{8} = 7 \div 5 = \dfrac{7}{5} = 1\dfrac{2}{5}$

3 분모가 다른 분수의 나눗셈

(1) 분자끼리 나누어떨어지는 (분수)÷(분수)

예) $\dfrac{5}{6} \div \dfrac{5}{12} = \dfrac{10}{12} \div \dfrac{5}{12} = 10 \div 5 =$ ❷

(2) 분자끼리 나누어떨어지지 않는 (분수)÷(분수)

예) $\dfrac{7}{10} \div \dfrac{3}{5} = \dfrac{21}{30} \div \dfrac{18}{30} = 21 \div 18 = \dfrac{21}{18} = \dfrac{7}{6} = 1\dfrac{1}{6}$

4 (자연수)÷(분수)

예) $9 \div \dfrac{3}{4} = (9 \div 3) \times 4 =$ ❸

5 (분수)÷(분수)를 (분수)×(분수)로 나타내기

나눗셈을 곱셈으로 나타내고 나누는 분수의 분모와 분자를 바꾸어 줍니다.

예) $2 \div \dfrac{4}{5} = 2 \times \dfrac{5}{4} = \dfrac{5}{2} = 2\dfrac{1}{2}$

6 (분수)÷(분수)

(1) (가분수)÷(분수)

예) $\dfrac{6}{5} \div \dfrac{3}{4} = \dfrac{6}{5} \times \dfrac{4}{3} = \dfrac{8}{5} = 1\dfrac{3}{5}$

(2) (대분수)÷(분수)

예) $1\dfrac{1}{6} \div \dfrac{3}{4} = \dfrac{7}{6} \div \dfrac{3}{4} = \dfrac{7}{6} \times \dfrac{4}{3} = \dfrac{14}{9} = 1\dfrac{5}{9}$

정답: ❶ 2 ❷ 2 ❸ 12 ❹ 2 ❺ 5

대표유형 ①

빈칸에 알맞은 수를 구하시오.

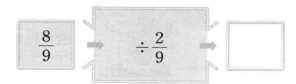

풀이

$\dfrac{8}{9} \div \dfrac{2}{9} = \square \div \square = \square$

답 _____

대표유형 ②

㉠과 ㉡에 알맞은 수를 각각 구하시오.

$$\dfrac{2}{3} \div \dfrac{2}{9} = \dfrac{\boxed{㉠}}{9} \div \dfrac{2}{9} = \boxed{㉠} \div 2 = \boxed{㉡}$$

풀이

$\dfrac{2}{3} \div \dfrac{2}{9} = \dfrac{\square}{9} \div \dfrac{2}{9} = \square \div 2 = \square$

답 ㉠: _____ , ㉡: _____

대표유형 ③

자연수를 분수로 나눈 계산 결과를 구하시오.

| 4 | $\dfrac{2}{3}$ |

풀이

$4 \div \dfrac{2}{3} = (4 \div \square) \times 3 = \square$

답 _____

대표유형 ④

물 $1\dfrac{1}{4}$ L를 컵 한 개에 $\dfrac{5}{16}$ L씩 모두 담으려고 합니다. 필요한 컵은 몇 개입니까?

풀이

(필요한 컵의 수)
= (전체 물의 양) ÷ (컵 한 개에 담는 물의 양)

$= 1\dfrac{1}{4} \div \dfrac{5}{16} = \dfrac{\square}{4} \div \dfrac{5}{16} = \dfrac{5}{4} \times \dfrac{16}{5} = \square$ (개)

답 _____

1 그림을 보고 □ 안에 알맞은 수를 써넣으시오.

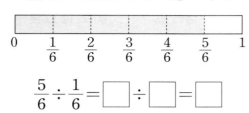

$$\frac{5}{6} \div \frac{1}{6} = \boxed{} \div \boxed{} = \boxed{}$$

2 계산해 보시오.

$$\frac{6}{13} \div \frac{2}{13}$$

3 $\frac{5}{7} \div \frac{3}{4}$을 곱셈식으로 바르게 나타낸 것에 ◯표 하시오.

$\frac{7}{5} \times \frac{3}{4}$	$\frac{5}{7} \times \frac{4}{3}$	$\frac{7}{5} \times \frac{4}{3}$
(　　　)	(　　　)	(　　　)

4 나눗셈식을 곱셈식으로 나타내어 계산해 보시오.

$$\frac{6}{7} \div \frac{3}{4} = \underline{}$$

5 ▍보기▍의 계산에서 틀린 부분을 찾아 바르게 계산해 보시오.

▍보기▍
$$\frac{7}{11} \div \frac{3}{11} = 3 \div 7 = \frac{3}{7}$$

$$\frac{7}{11} \div \frac{3}{11} = \underline{}$$

6 ㉠, ㉡, ㉢에 알맞은 수의 합을 구하시오.

$$\frac{1}{9} \div \frac{2}{5} = \frac{㉠}{9} \times \frac{5}{㉡} = \frac{㉢}{18}$$

(　　　　　　　　　)

7 빈 곳에 알맞은 분수를 써넣으시오.

$$\boxed{\frac{21}{4}} \div \boxed{\frac{7}{9}} \boxed{}$$

8 다음에서 설명하는 수를 구하시오.

$\frac{5}{6}$를 $\frac{3}{8}$으로 나눈 계산 결과

(　　　　　　　　　)

9 ㉠에 알맞은 기약분수를 구하시오.

$$5 \div \boxed{㉠} = (5 \div 2) \times 3$$

(　　　　　　　　　)

10 직사각형 모양의 책상이 있습니다. 이 책상의 가로의 길이는 세로의 길이의 몇 배입니까?

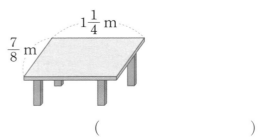

(　　　　　　　　　)

11 계산 결과를 찾아 선으로 이어 보시오.

$\dfrac{7}{11} \div \dfrac{2}{11}$ ·

$\dfrac{9}{11} \div \dfrac{4}{11}$ ·

· $3\dfrac{1}{4}$

· $2\dfrac{1}{4}$

· $3\dfrac{1}{2}$

12 $1\dfrac{3}{5} \div \dfrac{2}{7}$ 를 두 가지 방법으로 계산해 보시오.

방법 1

방법 2

추론

13 그림에 알맞은 진분수끼리의 나눗셈식을 만들고 답을 구하시오.

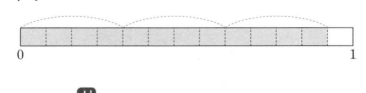

식 _____

답 _____

14 크기를 비교하여 ○ 안에 >, =, <를 알맞게 써넣으시오.

$40 \;\bigcirc\; 4\dfrac{1}{5} \div \dfrac{1}{10}$

15 쌀 12 kg을 봉지 한 개에 $\dfrac{2}{3}$ kg씩 모두 담으려고 합니다. 봉지는 몇 개 필요합니까?

식 _____

답 _____

16 $6 \div \dfrac{3}{10}$ 과 계산 결과가 같은 것을 찾아 기호를 쓰시오.

㉠ $7 \div \dfrac{14}{15}$ ㉡ $8 \div \dfrac{2}{5}$

( )

17 ♣에 알맞은 수를 구하시오.

$3 \div ♣ = \dfrac{4}{5}$

( )

18 □ 안에 들어갈 수 있는 자연수를 모두 구하시오.

$□ < \dfrac{11}{12} \div \dfrac{3}{8}$

( )

19 ㉮는 ㉯의 몇 배입니까?

㉮ $\dfrac{5}{6} \div \dfrac{5}{7}$ ㉯ $\dfrac{2}{3}$

( )

문제 해결

20 어느 삼각형의 밑변, 높이, 넓이를 나타낸 표입니다. 빈칸에 알맞은 수를 써넣으시오.

밑변(cm)	높이(cm)	넓이(cm²)
$2\dfrac{1}{2}$		$6\dfrac{3}{4}$

▶정답은 2쪽

2. 소수의 나눗셈

1 (소수)÷(소수)의 계산 원리

나누어지는 수와 나누는 수가 똑같이 10배 또는 100배가 되면 몫은 변하지 않습니다.

(예)
$$26.5 \div 0.5$$
10배   10배
$$265 \div 5 = 53$$
➡ $26.5 \div 0.5 = 53$

$$1.04 \div 0.13$$
100배   100배
$$104 \div 13 = 8$$
➡ $1.04 \div 0.13 = $ ❶

2 자릿수가 같은 (소수)÷(소수)

(예) $1.38 \div 0.23$

$$1.38 \div 0.23$$
100배   100배
$$138 \div 23 = $$ ❷

```
        6
0.2 3) 1.3 8
       1 3 8
           0
```

➡ $1.38 \div 0.23 = 6$

3 자릿수가 다른 (소수)÷(소수)

(예) $8.05 \div 2.3$

$$8.05 \div 2.3$$
10배   10배
$$80.5 \div 23 = $$ ❸

```
         3.5
2.3) 8.0 5
     6 9
     1 1 5
     1 1 5
         0
```

➡ $8.05 \div 2.3 = 3.5$

4 (자연수)÷(소수)

(예) $7 \div 1.4$

```
        5
1.4) 7.0
     7 0
       0
```

(예) $5 \div 1.25$

```
          4
1.2 5) 5.0 0
       5 0 0
           0
```

5 몫을 반올림하여 나타내기

몫이 간단한 소수로 구해지지 않을 경우, 몫을 반올림하여 나타냅니다.

(예) $4 \div 6 = 0.6666\cdots$

➡ 몫을 반올림하여 일의 자리까지 나타내기: ❹

➡ 몫을 반올림하여 소수 첫째 자리까지 나타내기: 0.7

6 나누어 주고 남는 양 알아보기

(예) 물 7.2 L를 한 사람에게 2 L씩 나누어 주기

```
한 사람에게 주는      3 ── 나누어 줄 수 있는 사람 수
물의 양      2) 7.2
            6
나누어 주는   1.2 ── 남는 물의 양
물의 양
```

➡ 물을 3명에게 나누어 줄 수 있고, 남는 물의 양은 ❺ L입니다.

정답: ❶ 8   ❷ 6   ❸ 3.5   ❹ 1   ❺ 1.2

대표유형 ❶

| 보기 |를 보고 $17.2 \div 0.4$를 계산하시오.

┤ 보기 ├
$$17.2 \div 0.4$$
10배   10배
$$172 \div 4 = 43$$

$17.2 \div 0.4 = $ □

풀이

나누어지는 수가 10배일 때 나누는 수도 □ 배이므로 몫은 변하지 않습니다.

대표유형 ❷

㉠에 알맞은 수를 구하시오.

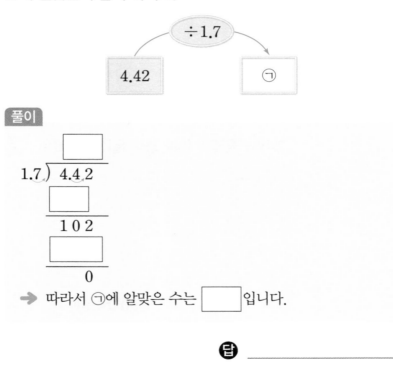

4.42 → ÷1.7 → ㉠

풀이

```
        □
1.7) 4.4 2
     □
     1 0 2
     □
       0
```

➡ 따라서 ㉠에 알맞은 수는 □ 입니다.

답 _____

대표유형 ❸

끈 11.2 m를 한 사람에게 4 m씩 나누어 주려고 합니다. 나누어 줄 수 있는 사람은 몇 명이고 남는 끈의 길이는 몇 m인지 차례로 쓰시오.

풀이

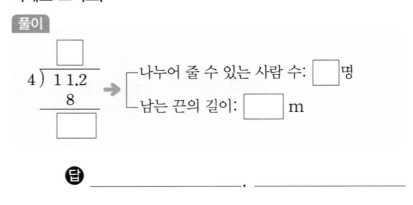

```
      □
4) 1 1.2
   8
   □
```

나누어 줄 수 있는 사람 수: □ 명
남는 끈의 길이: □ m

답 _____, _____

1 소수의 나눗셈을 자연수의 나눗셈을 이용하여 계산하려고 합니다. □ 안에 알맞은 수를 써넣으시오.

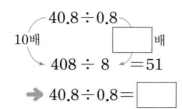

$$40.8 \div 0.8$$

10배   □배

$$408 \div 8 = 51$$

➡ $40.8 \div 0.8 = \boxed{}$

2 □ 안에 알맞은 수를 써넣으시오.

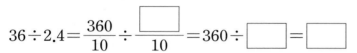

$$36 \div 2.4 = \dfrac{360}{10} \div \dfrac{\boxed{}}{10} = 360 \div \boxed{} = \boxed{}$$

[3~4] 계산해 보시오.

3

$0.8\,\overline{)\,5.6}$

4

$1.9\,\overline{)\,5.1\,3}$

5 ∥보기∥와 같이 계산해 보시오.

∥ 보기 ∥

$$17 \div 4.25 = \dfrac{1700}{100} \div \dfrac{425}{100} = 1700 \div 425 = 4$$

$158 \div 3.16 = $ _____

6 빈칸에 알맞은 수를 써넣으시오.

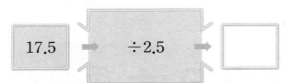

17.5 ➡ ÷2.5 ➡ □

7 큰 수를 작은 수로 나눈 계산 결과를 구하시오.

0.9   315

(   )

8 계산해 보시오.

$48 \div 6$

$48 \div 0.6$

$48 \div 0.06$

9 바르게 계산한 것을 찾아 기호를 쓰시오.

㉠ $17.28 \div 3.2 = 54$ ㉡ $36 \div 4.5 = 8$

(   )

10 몫을 반올림하여 소수 첫째 자리까지 나타내시오.

$12.5 \div 3$

(   )

11 모래 15.3 kg을 상자 한 개에 0.9 kg씩 모두 담으려고 합니다. 필요한 상자는 몇 개인지 구하시오.

식 | _____

답 | _____

12 크기가 더 작은 것을 찾아 기호를 쓰시오.

> ㉠ 14.16÷4.72   ㉡ 3.8

(   )

13 꿀물 한 컵을 만들 때 꿀 40 g이 필요합니다. 꿀 790.5 g이 있을 때 □ 안에 알맞은 수를 써넣으시오.

> 꿀 790.5 g으로 꿀물을 최대 [   ]컵 만들 수 있고, 꿀은 [   ] g 남습니다.

14 넓이가 7.65 cm²인 직사각형입니다. 이 직사각형의 가로는 몇 cm입니까?

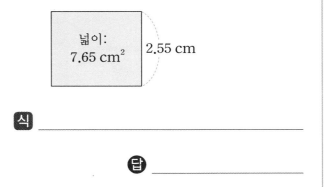

넓이: 7.65 cm²   2.55 cm

식 _____

답 _____

15 소금 20.1 kg을 봉지 한 개에 3 kg씩 담으려고 합니다. 담을 수 있는 봉지는 몇 개이고 남는 소금은 몇 kg인지 두 가지 방법으로 구하시오.   〔문제 해결〕

> **방법 1**
>
>
>
> 담을 수 있는 봉지 수: (   )
> 남는 소금의 양: (   )
>
> **방법 2**
>
>
>
> 담을 수 있는 봉지 수: (   )
> 남는 소금의 양: (   )

16 계산 결과가 1보다 작은 것을 찾아 기호를 쓰시오.

> ㉠ 36.4÷18.2
> ㉡ 9.09÷10.1
> ㉢ 4.16÷3.2

(   )

17 몫을 반올림하여 나타냈을 때 소수 첫째 자리까지 나타낸 값과 소수 둘째 자리까지 나타낸 값의 차를 구하시오.

> 78.1÷1.2

(   )

18 〔조건〕을 만족하는 나눗셈식을 쓰고 계산해 보시오.   〔추론〕

> **조건**
> • 316÷4를 이용하여 풀 수 있습니다.
> • 나누는 수와 나누어지는 수를 각각 10배 하면 316÷4가 됩니다.

[   ] ÷ [   ] = [   ]

19 길이가 15.4 m인 밧줄을 만들려고 합니다. 하루에 200 cm씩 밧줄을 만든다면 다 만드는 데 적어도 며칠이 걸리겠습니까?

(   )

20 5장의 수 카드 1 , 4 , 5 , 6 , 8 이 있습니다.   〔문제 해결〕
□ 안에 수 카드의 수를 한 번씩 써넣어 몫이 가장 크게 되는 나눗셈식을 만들고, 몫을 반올림하여 소수 둘째 자리까지 나타내시오.

[ ].[ ][ ] ÷ [ ].[ ]

(   )

▶정답은 4쪽

3. 공간과 입체

1 어느 방향에서 보았는지 알아보기

책상의 사진을 ㉠ 방향에서 찍었을 때의 모습 알아보기

2 위에서 본 모양을 보고 쌓기나무의 개수 구하기

〈예〉

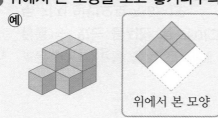

위에서 본 모양

➡ 똑같은 모양으로 쌓는 데 필요한 쌓기나무: **❶** 개

3 위, 앞, 옆에서 본 모양을 보고 쌓기나무의 개수 구하기

〈예〉

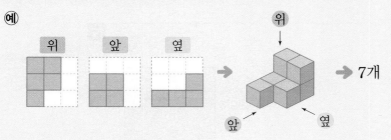

➡ 7개

4 위에서 본 모양에 수를 써넣어 쌓기나무의 개수 구하기

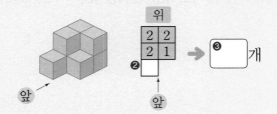

➡ **❸** 개

5 층별로 나타낸 모양을 보고 쌓기나무의 개수 구하기

1층의 모양은 위에서 본 모양과 같습니다.

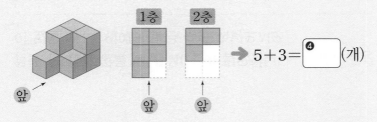

➡ 5+3= **❹** (개)

6 여러 가지 모양 만들기

〈예〉 모양에 쌓기나무 1개를 더 붙이기

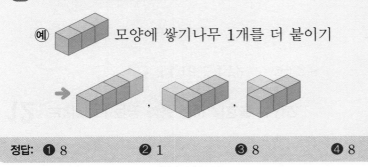

정답: ❶ 8   ❷ 1   ❸ 8   ❹ 8

대표유형 ①

주어진 모양과 똑같이 쌓는 데 필요한 쌓기나무는 몇 개입니까?

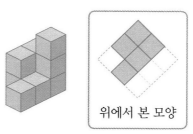

위에서 본 모양

풀이

1층에 5개, 2층에 ☐개, 3층에 ☐개이므로 필요한 쌓기나무는 ☐개입니다.

답 _____

대표유형 ②

쌓기나무로 쌓은 모양을 보고 위에서 본 모양을 그린 것입니다. 앞과 옆에서 본 모양을 각각 그려 보시오.

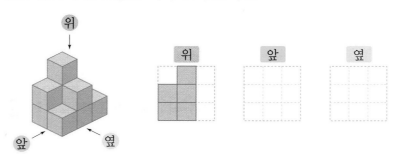

풀이

앞과 옆에서 본 모양은 각 방향에서 보았을 때 각 줄의 가장 (높은 , 낮은) 층의 모양과 같게 그립니다.

대표유형 ③

오른쪽 모양에 쌓기나무 1개를 더 붙여서 만든 모양을 모두 찾아 기호를 쓰시오.

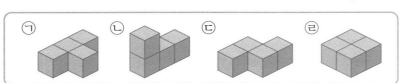

풀이

주어진 모양의 1층에 쌓기나무 1개를 더 붙여서 만든 모양은 ☐이고, 주어진 모양의 2층에 쌓기나무 1개를 더 붙여서 만든 모양은 ☐입니다.

답 _____

▶정답은 4쪽

창의·융합

1 쌓기나무로 쌓은 모양을 보고 위에서 본 모양에 수를 쓰려고 합니다. ㉠에 알맞은 수를 구하시오.

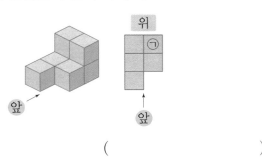

( )

2 쌓기나무로 쌓은 모양과 위에서 본 모양입니다. 앞에서 본 모양을 찾아 ○표 하시오.

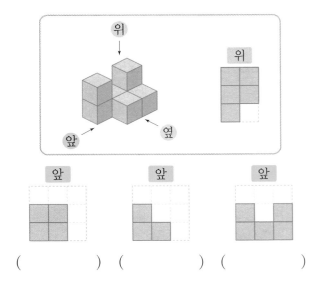

( ) ( ) ( )

3 쌓기나무 4개로 만든 모양입니다. 서로 같은 모양이면 ○표, 다른 모양이면 ×표 하시오.

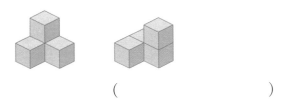

( )

추론

4 왼쪽은 식탁 위에 직육면체 모양의 상자를 올려 놓고 위에서 본 모습입니다. 재희가 찍은 사진이 ㉠에서 찍은 것이 맞으면 ○표, 틀리면 ×표 하시오.

〈재희가 찍은 사진〉

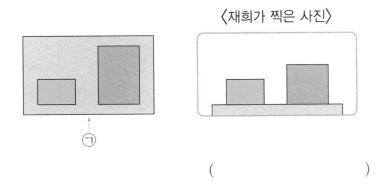

( )

[5~6] 등대와 나무를 여러 방향에서 찍은 사진입니다. 어느 방향에서 찍은 사진인지 각각 기호를 쓰시오.

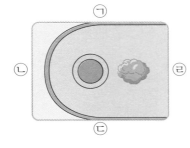

5   **6**

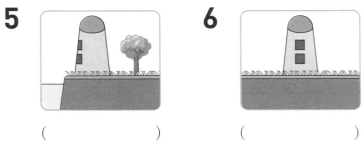

( )   ( )

[7~8] 주어진 모양과 똑같이 쌓는 데 필요한 쌓기나무는 몇 개인지 구하시오.

7

위에서 본 모양

➡ ( )

8

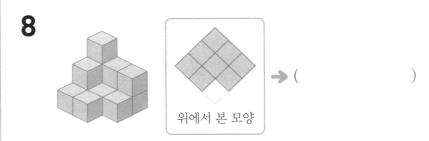

위에서 본 모양

➡ ( )

9 쌓기나무로 쌓은 모양을 보고 위에서 본 모양에 수를 써넣으시오.

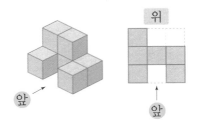

10 쌓기나무로 쌓은 모양을 보고 위에서 본 모양에 수를 썼습니다. 쌓기나무를 옆에서 본 모양을 그려 보시오.

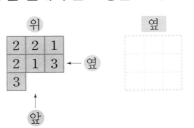

[11~12] 가와 나는 각각 쌓기나무 8개로 쌓은 모양입니다. 물음에 답하시오.

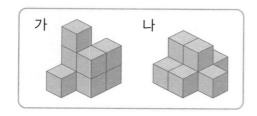

11 1층에 쌓인 쌓기나무는 각각 몇 개인지 쓰시오.

가 (   ), 나 (   )

12 2층 모양이 오른쪽과 같은 것을 찾아 기호를 쓰시오.

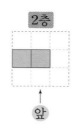

(   )

13 오른쪽과 같이 쌓기나무를 쌓은 모양을 보고 1층 모양을 그린 것입니다. 2층과 3층 모양을 각각 그리고, 똑같은 모양으로 쌓는 데 필요한 쌓기나무는 몇 개인지 구하시오.

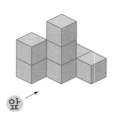

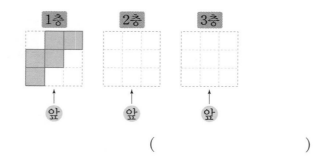

(   )

14 쌓기나무를 4개씩 붙여서 만든 두 가지 모양을 사용하여 오른쪽 모양을 만들었습니다. 어떻게 만들었는지 2가지 색으로 구분하여 색칠하시오.

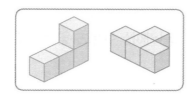

추론

15 쌓기나무로 쌓은 모양을 위, 앞, 옆에서 본 모양입니다. 쌓기나무 모양은 어느 것인지 ○표 하시오.

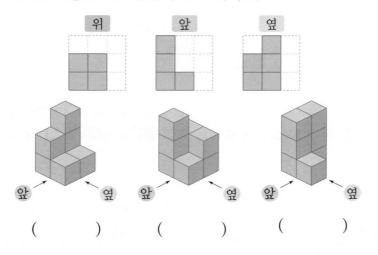

(   )   (   )   (   )

16 오른쪽 모양과 똑같이 쌓으려고 합니다. 필요한 쌓기나무가 가장 적을 때는 몇 개인지 구하시오.

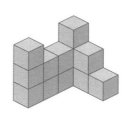

(   )

17 쌓기나무로 1층 위에 2층을 쌓으려고 합니다. 1층 모양을 보고 2층으로 쌓을 수 있는 모양을 찾아 기호를 쓰시오.

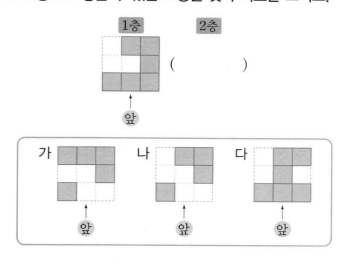

(   )

18 쌓기나무 7개로 쌓은 모양을 위와 앞에서 본 모양입니다. 옆에서 본 모양을 그려 보시오.

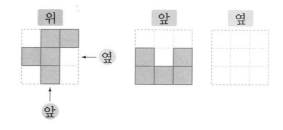

문제 해결

19 쌓기나무 7개로 쌓은 모양을 위, 앞, 옆에서 본 모양입니다. 가능한 모양을 찾아 기호를 쓰시오.

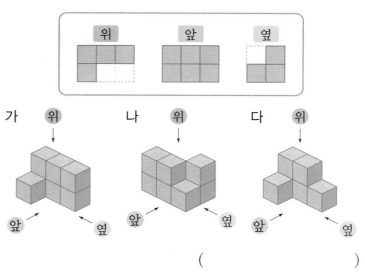

(   )

추론

20 민서가 만들 수 있는 서로 다른 모양은 모두 몇 가지입니까?

쌓기나무 3개로 모양을 만들거야. 민서

(   )

[1~2] 쌓기나무로 쌓은 모양을 보고 위에서 본 모양을 그린 것입니다. 물음에 답하시오.

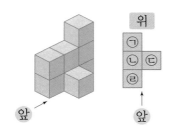

1 [3단원]
각 자리에 쌓인 쌓기나무의 수를 빈칸에 써넣으시오. 2점

자리	㉠	㉡	㉢	㉣
쌓기나무 수(개)	3			

2 [3단원]
주어진 모양과 똑같은 모양으로 쌓는 데 필요한 쌓기나무는 몇 개입니까? 2점

( )

3 [1단원]
계산을 하시오. 2점

$$\frac{9}{14} \div \frac{3}{14}$$

( )

4 [2단원]
□ 안에 알맞은 수를 써넣으시오. 2점

$$1.36 \div 0.04 = 34$$
$$13.6 \div 0.04 = 340$$
$$136 \div 0.04 = \boxed{}$$

5 [1단원]
∥보기∥와 같은 방법으로 계산을 하시오. 3점

∥보기∥
$$\frac{5}{7} \div \frac{2}{7} = 5 \div 2 = \frac{5}{2} = 2\frac{1}{2}$$

$$\frac{7}{9} \div \frac{4}{9} = \underline{}$$

6 [1단원]
□ 안에 알맞은 수를 써넣으시오. 3점

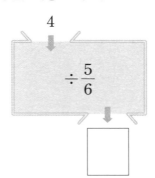

7 [2단원]
큰 수를 작은 수로 나눈 몫을 구하시오. 3점

| 0.5 | 4 |

( )

8 [3단원]
준모는 공원에 있는 조형물 사진을 찍었습니다. 사진을 찍은 위치를 찾아 기호를 쓰시오. 3점

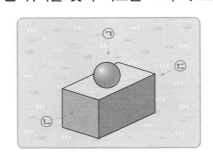

〈준모가 찍은 사진〉

( )

9 [3단원]
주어진 모양과 똑같이 쌓는 데 필요한 쌓기나무는 몇 개인지 구하시오. 3점

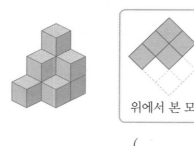

위에서 본 모양

( )

10 [2단원]
우유 1.5 L를 컵 한 개에 0.3 L씩 담으려고 합니다. 필요한 컵은 적어도 몇 개입니까? 3점

식 _____

답 _____

11 [3단원]
쌓기나무 9개로 쌓은 모양입니다. 앞에서 본 모양을 그려 보시오. 3점

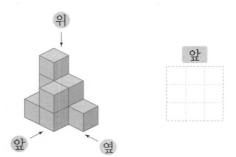

앞

12 [2단원]
빵 1개를 만드는 데 설탕이 4.5 g 필요합니다. 설탕 27 g으로 만들 수 있는 빵은 몇 개입니까? 3점

식 _____

답 _____

13 [2단원]
몫을 반올림하여 소수 둘째 자리까지 구하시오. 3점

$$3 \overline{)\, 5.2}$$

( )

14 [1단원]
크기를 비교하여 더 큰 것을 찾아 기호를 쓰시오. 3점

㉠ $\dfrac{3}{4} \div \dfrac{3}{8}$ ㉡ $2\dfrac{1}{2}$

( )

15 [3단원]
쌓기나무 8개로 쌓은 모양입니다. 1층, 2층, 3층 모양을 각각 그려 보시오. 3점

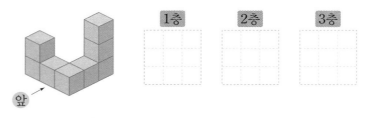

1층   2층   3층

앞

16 [2단원] 서술형
284÷2＝142를 이용하여 ㉠에 알맞은 수를 구하려고 합니다. 풀이 과정을 쓰고 답을 구하시오. 3점

$$2.84 \div 0.02 = ㉠$$

방법 _____

_____

_____

답 _____

17 [2단원]
계산 결과를 비교하여 ○ 안에 >, =, <를 알맞게 써넣으시오. [4점]

$62 \div 7$의 몫을 반올림하여 일의 자리까지 나타낸 수 ◯ 8

18 [1단원]
넓이가 2 m^2인 평행사변형입니다. □ 안에 알맞은 수를 구하시오. [4점]

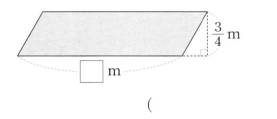

( )

19 [1단원]
■의 값을 구하시오. [4점]

$$\frac{4}{5} \div \frac{2}{3} = \blacktriangle, \quad \blacktriangle \div \frac{9}{5} = \blacksquare$$

( )

20 [2단원]
밀가루 121.5 kg을 한 자루에 14 kg씩 담으려고 합니다. 밀가루를 몇 자루에 담을 수 있고 남는 밀가루는 몇 kg인지 차례로 쓰시오. [4점]

( ), ( )

21 [3단원]
쌓기나무 10개로 쌓은 모양을 위, 앞, 옆에서 본 모양입니다. 쌓은 모양으로 가능한 것을 찾아 ◯표 하시오. [4점]

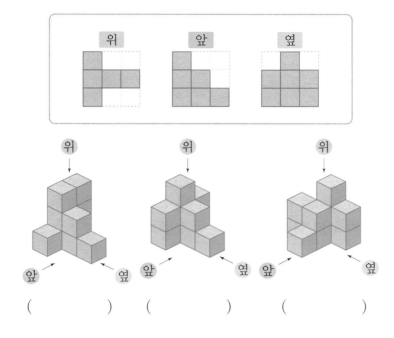

( ) ( ) ( )

22 [2단원]
승주는 국토대장정에서 매일 18 km씩 걸으려고 합니다. 승주가 243.2 km를 걸으려면 며칠이 걸리겠습니까? [4점]

( )

23 [3단원]
오른쪽 모양에 쌓기나무 1개를 더 붙여서 만들 수 없는 모양을 모두 고르시오. [4점] ⋯ ( )

① ② 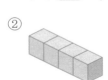 ③

④ ⑤

24 [1단원]
□ 안에 알맞은 수를 써넣으시오. [4점]

$$\frac{7}{12} \div 1\frac{1}{4} = \boxed{} \times 2\frac{2}{3}$$

[3단원]

25 쌓기나무 5개로 만든 모양입니다. 서로 같은 모양끼리 선으로 이어 보시오. 4점

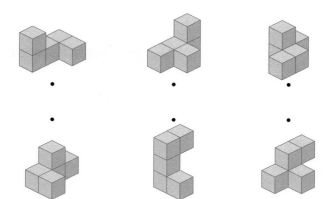

[1단원]

28 밑변의 길이가 $8\frac{1}{2}$ cm라고 할 때 넓이가 $18\frac{7}{10}$ cm²인 삼각형입니다. 삼각형의 높이는 몇 cm입니까? 4점

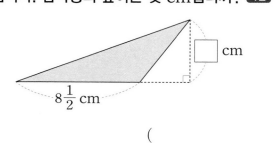

(   )

[2단원]   융합형

26 어느 지역의 환경 뉴스입니다. 어미 수달의 무게는 새끼 수달의 무게의 몇 배인지 구하시오. 4점

환경 뉴스   2019년 11월 5일

지난달 하천에서 무게가 4.06 kg인 수달이 발견되었습니다. 오늘 이 수달은 무게가 580 g인 새끼 수달을 출산했습니다.

(   )

[2단원]   서술형

29 어떤 수를 4.3으로 나누어야 할 것을 잘못하여 3.4를 곱했더니 217.6이 되었습니다. 바르게 계산했을 때의 몫을 반올림하여 소수 첫째 자리까지 구하려고 합니다. 풀이 과정을 쓰고 답을 구하시오. 4점

방법 _____

_____

_____

_____

답 _____

[1단원]

27 은정이는 우유를 사서 전체의 $\frac{3}{4}$을 마셨더니 $\frac{3}{5}$ L가 남았습니다. 은정이가 산 우유는 몇 L입니까? 4점

(   )

[3단원]

30 다음과 같이 쌓기나무로 쌓은 모양에 몇 개를 더 쌓아 정육면체 모양을 만들려고 합니다. 쌓기나무는 적어도 몇 개 더 필요한지 구하시오. 4점

위에서 본 모양

(   )

[1단원]

1 □ 안에 알맞은 수를 써넣으시오. 2점

$$\frac{9}{11} \div \frac{2}{11} = 9 \div \boxed{} = \frac{9}{\boxed{}} = \boxed{}$$

[2~3] 쌓기나무로 쌓은 모양을 보고 물음에 답하시오.

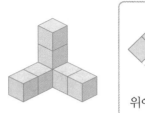

위에서 본 모양

[3단원]

2 1층에 쌓은 쌓기나무는 몇 개입니까? 2점

( )

[3단원]

3 주어진 모양과 똑같이 쌓는 데 필요한 쌓기나무는 몇 개입니까? 2점

( )

[3단원]

4 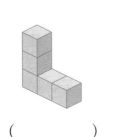 모양에 쌓기나무 1개를 더 붙여서 만들 수 있는 모양을 찾아 ○표 하시오. 2점

( ) ( )

[1단원]

5 빈칸에 알맞은 수를 써넣으시오. 3점

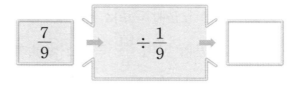

[2단원]

6 소수의 나눗셈을 자연수의 나눗셈을 이용하여 계산하려고 합니다. □ 안에 알맞은 수를 써넣으시오. 3점

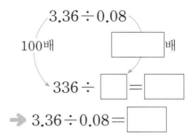

$$3.36 \div 0.08$$
100배 □배
$$336 \div \boxed{} = \boxed{}$$
➡ $3.36 \div 0.08 = \boxed{}$

[1단원]

7 대분수를 진분수로 나눈 계산 결과를 구하시오. 3점

$$2\frac{2}{9} \qquad \frac{4}{7}$$

( )

[1단원]

8 나눗셈식을 곱셈식으로 나타내어 계산해 보시오. 3점

$$\frac{4}{7} \div \frac{6}{11} = \underline{}$$

[3단원]

9 오른쪽은 쌓기나무로 쌓은 모양을 보고 위에서 본 모양에 수를 쓴 것입니다. 쌓기나무로 쌓은 모양을 옆에서 본 모양에 ○표 하시오. 3점

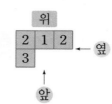

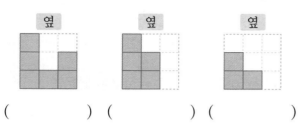

(   ) (   ) (   )

[2단원]

10 몫을 잘못 구한 것을 찾아 기호를 쓰고, 그 몫을 바르게 구하시오. 3점

> ㉠ $8.64 \div 3.6 = 2.4$ ㉡ $5.13 \div 2.7 = 19$

몫을 잘못 구한 것 (   )

몫을 바르게 구하기 (   )

[1단원]

11 물뿌리개에 물이 $3\,\text{L}$ 들어 있습니다. 이 물뿌리개로 화분 한 개에 물을 $\frac{1}{5}\,\text{L}$씩 준다면 화분 몇 개까지 물을 줄 수 있습니까? 3점

식 _____

답 _____

[2단원]

12 $2.24 \div 0.16$과 몫이 같은 나눗셈식은 어느 것입니까? 3점

(   )

① $224 \div 1.6$ ② $22.4 \div 16$

③ $224 \div 16$ ④ $224 \div 0.16$

⑤ $2.24 \div 1.6$

[1단원]

13 크기를 비교하여 ○ 안에 $>$, $=$, $<$를 알맞게 써넣으시오. 3점

$$\frac{4}{7} \bigcirc \frac{2}{3} \div \frac{14}{15}$$

[2단원]

14 철사 $151.2\,\text{cm}$를 한 사람에게 $18\,\text{cm}$씩 나누어 주려고 합니다. 잘못 계산한 곳을 찾아 바르게 계산하고, □ 안에 알맞은 수를 써넣으시오. 3점

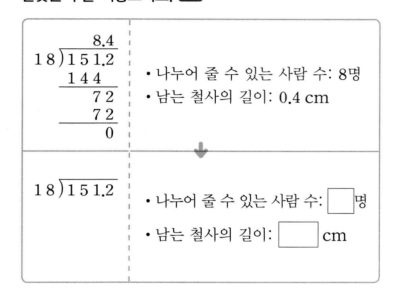

$\begin{array}{r} 8.4 \\ 18\overline{)151.2} \\ 144 \\ \hline 72 \\ 72 \\ \hline 0 \end{array}$	• 나누어 줄 수 있는 사람 수: 8명 • 남는 철사의 길이: 0.4 cm
$18\overline{)151.2}$	• 나누어 줄 수 있는 사람 수: □명 • 남는 철사의 길이: □ cm

[1단원]

15 가장 큰 수를 가장 작은 수로 나눈 계산 결과를 구하시오. 3점

$$\frac{11}{9} \qquad 4\frac{2}{3} \qquad \frac{7}{9}$$

(   )

[1단원]

16 걷기 대회에서 미나는 $\frac{9}{13}\,\text{km}$, 대규는 $\frac{8}{13}\,\text{km}$를 걸었습니다. 미나가 걸은 거리는 대규가 걸은 거리의 몇 배입니까? 3점

식 _____

답 _____

17 [3단원]
쌀기나무 8개로 쌓은 모양을 층별로 나타낸 모양을 보고 쌓은 모양을 찾아 기호를 쓰시오. 4점

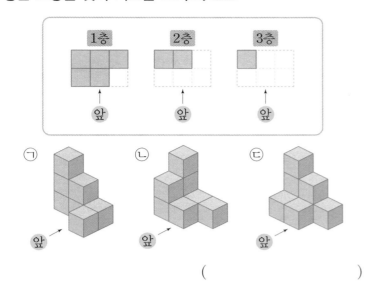

( )

18 [2단원]
㉠과 ㉡에 알맞은 수를 각각 구하시오. 4점

• $225 \div 0.45 = ㉠$ • $320 \div 1.6 = ㉡$

㉠ ( ), ㉡ ( )

19 [2단원]
몫이 1보다 큰 것을 찾아 기호를 쓰시오. 4점

㉠ $1.52 \div 1.9$ ㉡ $7.38 \div 2.46$

( )

20 [2단원]
지영이는 자전거로 1시간에 18.2 km를 달립니다. 지영이가 자전거를 타고 같은 빠르기로 쉬지 않고 36.4 km를 달리려면 몇 시간이 걸리겠습니까? 4점

식 _____

답 _____

21 [2단원]
몫을 반올림하여 소수 첫째 자리까지 구했을 때 소수 첫째 자리 숫자가 4인 것을 찾아 기호를 쓰시오. 4점

㉠ $10.4 \div 3$ ㉡ $24.1 \div 7$

( )

22 [2단원] 융합형
불국사 삼층석탑의 높이는 첨성대의 높이의 몇 배인지 반올림하여 소수 둘째 자리까지 나타내시오. 4점

	[첨성대]
	• 시대: 신라
	• 종류: 천문대
	• 높이: 9.17 m
	[불국사 삼층석탑]
	• 시대: 통일신라
	• 종류: 석탑
	• 높이: 1040 cm

( )

23 [3단원]
쌀기나무 7개로 쌓은 모양을 위와 옆에서 본 모양입니다. 앞에서 본 모양을 그려 보시오. 4점

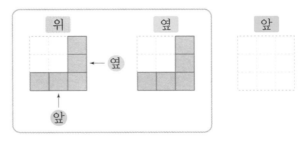

24 [1단원] 서술형
진호는 컴퓨터 한 대를 조립하는 데 $2\frac{1}{4}$시간이 걸립니다.
하루에 9시간씩 3일 동안 컴퓨터를 조립한다면 몇 대를 조립할 수 있는지 풀이 과정을 쓰고 답을 구하시오. 4점

풀이 _____

_____

_____

_____

답 _____

25 [3단원]
쌀기나무 9개로 쌓은 모양입니다. 옆에서 본 모양이 <u>다른</u> 하나를 찾아 기호를 쓰시오. 4점

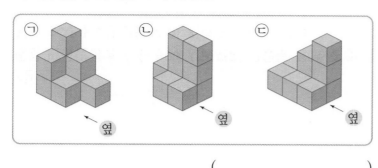

(   )

26 [2단원]
한 자루에 20.2 kg씩 들어 있는 보리가 6자루 있습니다. 이 보리를 한 봉지에 7 kg씩 담아 팔려고 합니다. 팔 수 있는 보리는 몇 봉지이고, 남는 보리는 몇 kg인지 차례로 구하시오. 4점

(   ), (   )

27 [3단원]
쌀기나무로 쌓은 모양을 층별로 나타낸 모양입니다. 앞에서 본 모양을 그리고, 똑같은 모양으로 쌓는 데 필요한 쌀기나무는 몇 개인지 구해 보시오. 4점

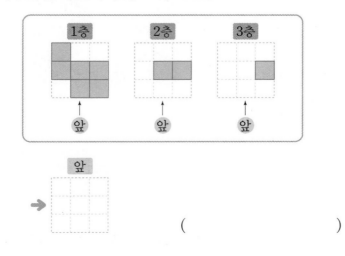

(   )

28 [3단원]
오른쪽 쌀기나무 모양은 ▎보기▎의 모양 중에서 두 가지를 사용하여 만든 새로운 모양입니다. 사용한 두 가지 모양을 찾아 기호를 쓰시오. 4점

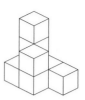

▎보기▎

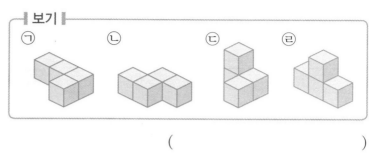

(   )

29 [1단원] 서술형
넓이가 3 m^2인 직사각형입니다. 이 직사각형의 가로와 세로의 길이의 차는 몇 m인지 풀이 과정을 쓰고 답을 구하시오. 4점

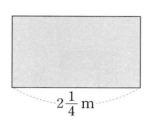

$2\frac{1}{4}$ m

풀이 _____

_____

_____

_____

답 _____

30 [3단원]
쌀기나무로 쌓은 모양을 위, 앞, 옆에서 본 모양입니다. 쌀기나무를 될 수 있는 대로 많이 사용하여 똑같은 모양을 만들려고 합니다. 필요한 쌀기나무는 몇 개입니까? 4점

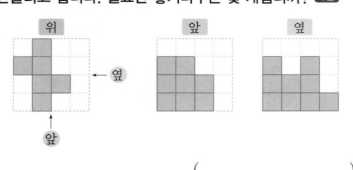

(   )

아수라가 있는 곳은 동화책과 관련된 곳 같은데…….

찢은 종이 붙여 놔!

아마 녀석이 좋아했던 동화책을 말하려던 것 같구나.

음.

내가 예전에 동화책과 과학책을 이만큼 가지고 있었어.

동화책	과학책
24권	36권

동화책과 과학책 수의 비는 24 : 36인데 12로 각각 나눌 수 있어.

$$24 : 36 \quad 2 : 3$$
$$\div 12$$
$$\div 12$$

2 : 3이라고도 할 수 있구나.

어머, 제가 가진 동화책과 과학책의 비도 2 : 3이었어요. 동화책이 12권이었으니까…….

비례식으로 과학책의 수를 구할 수 있겠네.

$$2 : 3 = 12 : \square$$

비례식의 성질을 이용하면 돼요.

맞아. 비례식에서 외항의 곱과 내항의 곱은 같지.

$$2 : 3 = 12 : \square$$
$$2 \times \square = 3 \times 12$$
$$2 \times \square = 36$$
$$\square = 18$$

맞아요. 과학책은 18권이었어요.

다시 본론으로 들어와서! 내 동화책 중 절반이 모두 홍길동전이었는데…….

절반이요?

응, 그런데 아수라 녀석이 홍길동전을 모두 가져갔어. 그 녀석 꿈이 홍길동이었거든.

근데 그걸로 아수라가 있는 곳을 어떻게 알아내요?

어릴 적 녀석과 같이 놀던 아지트가 있었는데 그곳의 이름을 율도국이라고 지었지.

율도국 이라면?!!

그래, 녀석은 분명 그곳에 있을 거야.

처음 듣는데 율도국이 뭐야?

글쎄.

얘들아! 홍길동이 세운 나라잖아!!

쳇, 박사님은 안 찾으시면서!

우리한테만 찾으라서.

곧 있으면 내 생일이라 생일 파티 준비도 해야 하는데~ 히잉.

아~ 생일 파티를 위해 접시를 준비했던 거였구나.

원 모양의 접시를 준비했다구.

근데…… 원의 둘레가 원주 맞지?

원주

응, 그리고 원의 지름에 대한 원주의 비율을 원주율이라고 해.

〈원주율〉

(원주율)＝(원주)÷(지름)

(원주율: 3, 3.1, 3.14 등)

앗! 저기!!

율도국

아수라님을 찾으러 왔나?

헉…… 다리가 4개야!

푸하하. 너희들은 다리가 2개밖에 없구나. 신기하다!

너가 더 신기하거든?

자, 내가 선물로 원반을 준비했다. 원반의 넓이를 구하면 아수라가 있는 곳을 알려주지.

4 cm

(원반의 넓이)
＝(반지름)×(반지름)×(원주율)
＝4×4×3.14
＝50.24 (cm²)

(원주율: 3.14)

원의 넓이는 50.24 cm²야.

빨리 아수라가 있는 곳을 알려줘.

후훗, 그걸 말해줄 것 같나?

경비병, 폭탄 안 나르고 뭐하냐?

앗!!

아수라, 거기 서라.

왜 하필 지금 나오세요?

야! 일단 튀어!!

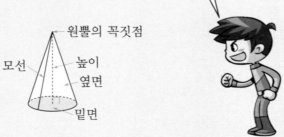

▶정답은 9쪽

4. 비례식과 비례배분

1 비의 성질 알아보기

- 비 2 : 3에서 기호 ' : ' 앞에 있는 2를 **전항**, 뒤에 있는 3을 **후항**이라고 합니다.
- 비의 전항과 후항에 0이 아닌 같은 수를 곱하여도 비율은 같습니다.

　（예） $3 : 4 \rightarrow 6 : 8$ （$\times 2$）

　┌ 3 : 4의 비율 → $\dfrac{3}{4}$ ─┐ 같음
　└ 6 : 8의 비율 → $\dfrac{6}{8}\left(=\dfrac{3}{4}\right)$ ─┘

- 비의 전항과 후항을 0이 아닌 같은 수로 나누어도 비율은 같습니다.

　（예） $4 : 8 \rightarrow 1 : 2$ （$\div 4$）

　┌ 4 : 8의 비율 → $\dfrac{4}{8}\left(=\dfrac{1}{❶}\right)$ ─┐
　└ 1 : 2의 비율 → $\dfrac{1}{2}$ ─┘ 같음

2 간단한 자연수의 비로 나타내기

- 비의 성질을 이용합니다.

　（예） $0.3 : 0.7 \rightarrow (0.3 \times 10) : (0.7 \times 10) \rightarrow 3 : 7$

　$\dfrac{1}{3} : \dfrac{1}{5} \rightarrow \left(\dfrac{1}{3} \times 15\right) : \left(\dfrac{1}{5} \times ❷\right) \rightarrow 5 : 3$
　　　　　　　　두 분모의 공배수

　$20 : 50 \rightarrow (20 \div 10) : (50 \div 10) \rightarrow 2 : ❸$
　　　　　　　두 수의 공약수

3 비례식 알아보기

- **비례식**: 비율이 같은 두 비를 기호 '='를 사용하여
　2 : 3 = 4 : 6과 같이 나타낸 식

　　　　　　　외항 → 바깥쪽에 있는 두 항
　　　$2 : 3 = 4 : 6$
　　　　　　　내항 → 안쪽에 있는 두 항

4 비례식의 성질 알아보기

　$2 : 3 = 4 : 6$
　┌ 외항의 곱: $2 \times 6 = ⑫$ ─┐ 같음.
　└ 내항의 곱: $3 \times 4 = ⑫$ ─┘

➡ 비례식에서 외항의 곱과 내항의 곱은

　❹ ＿＿＿＿＿＿＿ .

5 비례배분하기

- **비례배분**: 전체를 주어진 비로 배분하는 것

　（예） 16을 1 : 3 으로 나누기

　┌ $16 \times \dfrac{1}{1+3} = 16 \times \dfrac{1}{4} = 4$
　└ $16 \times \dfrac{3}{1+3} = 16 \times \dfrac{3}{4} = ❺$

정답: 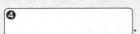 ❶ 2　❷ 15　❸ 5　❹ 같습니다　❺ 12

대표유형 ❶

비의 성질을 이용하여 비율이 같은 비를 만들려고 합니다. ㉠에 알맞은 수를 구하시오.

　　$24 : 18 \rightarrow \boxed{㉠} : 9$

풀이

　$24 : 18 \rightarrow (24 \div \boxed{}) : (18 \div 2)$

　　　　$\rightarrow \boxed{} : 9$

　$㉠ = \boxed{}$

답 ＿＿＿＿＿＿＿

대표유형 ❷

간단한 자연수의 비로 나타내시오.

　　　$6 : 15$

풀이

　$(6 \div 3) : (15 \div \boxed{}) \rightarrow 2 : \boxed{}$

답 ＿＿＿＿＿＿＿

대표유형 ❸

비례식에서 ●에 알맞은 수를 구하시오.

　　　$5 : 9 = ● : 36$

풀이

　비례식에서 외항의 곱과 내항의 곱은 같으므로

　$5 \times \boxed{} = 9 \times ●$ 입니다.

　$\rightarrow 9 \times ● = \boxed{}$, $● = \boxed{}$

답 ＿＿＿＿＿＿＿

대표유형 ❹

어머니께서 쿠키 20개를 형과 동생에게 3 : 2로 나누어 주셨습니다. 형이 받은 쿠키는 몇 개입니까?

풀이

　(형이 받은 쿠키의 수)

　$= 20 \times \dfrac{\boxed{}}{3+2} = 20 \times \dfrac{\boxed{}}{5} = \boxed{}$ (개)

답 ＿＿＿＿＿＿＿

1 8 : 3과 비율이 같은 비를 만들려고 합니다. □ 안에 알맞은 수를 써넣으시오.

$$8 : 3 \Rightarrow (8 \times 2) : (3 \times \boxed{})$$

$$\Rightarrow (8 \times \boxed{}) : (3 \times 5)$$

2 20 : 15를 간단한 자연수의 비로 나타내려고 합니다. □ 안에 알맞은 수를 써넣으시오.

20 : 15의 각 항을 20과 15의 최대공약수인 □로 나눕니다.

$$(20 \div \boxed{}) : (15 \div \boxed{}) \Rightarrow \boxed{} : \boxed{}$$

3 비례식을 보고 외항을 모두 찾아 쓰시오.

$$2 : 7 = 6 : 21$$

(   )

4 84를 3 : 4로 나누어 보시오.

$$84 \times \frac{3}{\boxed{}+4} = 84 \times \frac{3}{\boxed{}} = \boxed{}$$

$$84 \times \frac{4}{\boxed{}+4} = 84 \times \frac{\boxed{}}{\boxed{}} = \boxed{}$$

5 4 : 7과 비율이 같은 비를 찾아 비례식을 세워 보시오.

4 : 3   16 : 14   20 : 35

$$4 : 7 = \boxed{} : \boxed{}$$

6 비례식입니다. □ 안에 알맞은 수를 써넣으시오.

$$\boxed{} : 3 = 16 : 12$$

7 간단한 자연수의 비로 나타내시오.

$$\frac{4}{5} : 2.7$$

(   )

8 길이가 120 cm인 끈을 주어진 비로 나누었습니다. 나누어진 두 끈의 길이는 각각 몇 cm입니까?

$$7 : 8 \Rightarrow \boxed{} \text{ cm}, \boxed{} \text{ cm}$$

9 ㉯에 대한 ㉮의 비율이 $1\frac{3}{5}$일 때, ㉮ : ㉯를 간단한 자연수의 비로 나타내시오.

(   )

10 복사할 때 가장 많이 사용하는 A4용지의 가로와 세로의 비는 70 : 99입니다. A4용지의 세로가 297 mm일 때 가로는 몇 mm입니까?

297 mm

(   )

11 비례식을 찾아 기호를 쓰시오.

> ㉠ $3 \times 9 = 27$　　　　㉡ $4 : 5 = 5 : 4$
>
> ㉢ $2 : 8 = 1 : 4$　　　　㉣ $15 + 20 = 35$

(　　　　　　　)

12 교내 합창대회에 참가한 학생은 35명이고 참가한 남학생 수와 여학생 수의 비는 $2 : 5$입니다. 교내 합창대회에 참가한 여학생은 몇 명입니까?

(　　　　　　　)

13 추론 가로와 세로의 비가 $5 : 2$인 직사각형을 찾아 기호를 쓰시오.

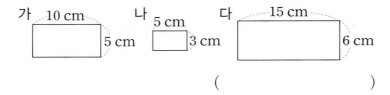

가　10 cm　　나　5 cm　　다　15 cm
　　　5 cm　　　　3 cm　　　　　6 cm

(　　　　　　　)

14 넓이가 108 cm^2인 직사각형 모양의 종이가 있습니다. 이 종이를 넓이가 $5 : 4$가 되도록 둘로 나누었을 때 더 넓은 종이의 넓이는 몇 cm^2입니까?

(　　　　　　　)

15 지구에서 몸무게가 72 kg인 사람이 달에 가서 몸무게를 재면 12 kg이 됩니다. 몸무게가 108 kg인 윤수의 삼촌이 달에 가서 몸무게를 재면 몇 kg이 되는지 구하려고 합니다. 윤수의 삼촌이 달에서 잰 몸무게를 $\square \text{ kg}$이라 하여 비례식을 세우고 답을 구하시오.

식 _____

답 _____

16 비례식입니다. □ 안에 들어갈 수가 더 작은 것의 기호를 쓰시오.

> ㉠ $1\frac{3}{4} : 2\frac{1}{3} = \square : 4$　　㉡ $2.1 : \square = 7 : 12$

(　　　　　　　)

17 ㉠과 ㉡의 비를 간단한 자연수의 비로 나타내시오.

> $㉠ \times \dfrac{3}{5} = ㉡ \times 1.3$

(　　　　　　　)

18 창의·융합 수 카드 중에서 4장을 골라 비례식을 세우시오.

> 8　1　6　2　3　5

(　　　　　　　)

19 조건 에 맞게 비례식을 완성하시오.

> ┃조건┃
> - 비율은 $\dfrac{3}{5}$입니다.
> - 내항의 곱은 225입니다.

$9 : \square = \square : \square$

20 오른쪽 삼각형에서 ㉠과 ㉡의 길이의 비가 $2\frac{1}{2} : 4$입니다. ㉡의 길이가 32 cm일 때 삼각형의 넓이는 몇 cm^2입니까?

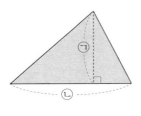

(　　　　　　　)

5. 원의 넓이

1 원주와 원주율 알아보기

- **원주**: 원의 둘레
- **원주율**: 원의 지름에 대한 원주의 비율

$$（원주율）＝（원주）÷（지름）$$

- 원주율을 소수로 나타내면 3.1415926535897932……
와 같이 끝없이 계속됩니다. 따라서 필요에 따라 3, 3.1,
3.14 등으로 어림하여 사용하기도 합니다.

$$•（원주）＝（지름）×（원주율）\quad•（지름）＝（원주）÷（원주율）$$

2 원의 넓이 어림하기

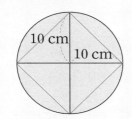 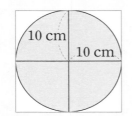

- （원 안에 있는 정사각형의 넓이）＝20×20÷2
  마름모
  　　　　　　　　　　　　　　＝200 (cm²)
- （원 밖에 있는 정사각형의 넓이）＝20×20＝400 (cm²)

  ❶□ cm²＜（반지름이 10 cm인 원의 넓이）

  （반지름이 10 cm인 원의 넓이）＜❷□ cm²

3 원의 넓이 구하기

원을 한없이 잘라서 이어 붙이면 직사각형에 가까워집니다.

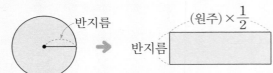

$$（원의 넓이）＝（원주）×\frac{1}{2}×（❸\boxed{}）$$

$$＝（원주율）×（지름）×\frac{1}{2}×（반지름）$$

$$＝（반지름）×（반지름）×（❹\boxed{}）$$

4 여러 가지 원의 넓이 구하기

색칠한 부분의 넓이 구하기(원주율: 3.14)

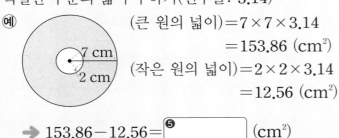

（큰 원의 넓이）＝7×7×3.14
　　　　　　　＝153.86 (cm²)
（작은 원의 넓이）＝2×2×3.14
　　　　　　　　＝12.56 (cm²)

➡ 153.86－12.56＝❺□ (cm²)

정답: ❶ 200　　❷ 400　　❸ 반지름　　❹ 원주율　　❺ 141.3

대표유형 ❶

오른쪽 원의 원주는 몇 cm입니까?
（원주율: 3.1）

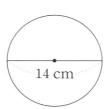
14 cm

풀이

（원주）＝（지름）×（원주율）

$$＝\boxed{}×\boxed{}＝\boxed{}\ (cm)$$

답 ＿＿＿＿＿＿＿＿＿＿＿

대표유형 ❷

오른쪽 원의 넓이는 몇 cm²입니까?
（원주율: 3.14）

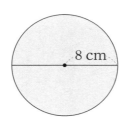
8 cm

풀이

（원의 넓이）＝（반지름）×（반지름）×（원주율）

$$＝\boxed{}×\boxed{}×\boxed{}$$

$$＝\boxed{}\ (cm^2)$$

답 ＿＿＿＿＿＿＿＿＿＿＿

대표유형 ❸

색칠한 부분의 넓이는 몇 cm²입니까? (원주율: 3.1)

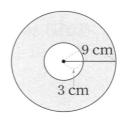
9 cm
3 cm

풀이

（큰 원의 넓이）

$$＝9×9×3.1＝\boxed{}\ (cm^2)$$

（작은 원의 넓이）

$$＝3×3×\boxed{}＝\boxed{}\ (cm^2)$$

➡ （색칠한 부분의 넓이）

$$＝\boxed{}－\boxed{}＝\boxed{}\ (cm^2)$$

답 ＿＿＿＿＿＿＿＿＿＿＿

1 □ 안에 알맞은 말을 써넣으시오.

(원주율)=(ㅤㅤ)÷(지름)

2 지름을 구하는 방법으로 옳은 것에 ○표 하시오.

(원주)×(원주율)ㅤㅤ(원주)÷(원주율)

(ㅤ)ㅤㅤㅤ(ㅤ)

3 원주를 구하려고 합니다. □ 안에 알맞은 수를 써넣으시오.

(원주율: 3.1)

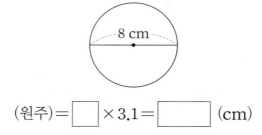

8 cm

(원주)=□×3.1=□ (cm)

4 설명이 옳으면 ○표, 틀리면 ×표 하시오.

원주가 2배가 되면 원주율도 2배가 됩니다.

(ㅤ)

5 원의 넓이를 구하려고 합니다. □ 안에 알맞은 수를 써넣으시오. (원주율: 3)

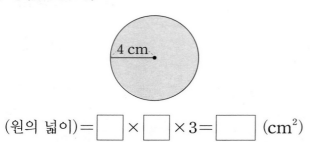

4 cm

(원의 넓이)=□×□×3=□ (cm²)

6 원주는 몇 cm입니까? (원주율: 3.1)

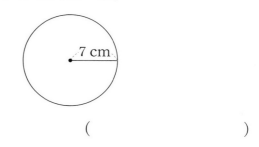

7 cm

(ㅤㅤ)

7 오른쪽 원의 원주가 18 cm입니다. 원의 지름은 몇 cm입니까? (원주율: 3)

지름

식 _____

답 _____

8 원 모양 종이의 원주와 지름을 재어 보았습니다. 원주율을 반올림하여 주어진 자리까지 나타내시오.

원주: 53.4 cm
지름: 17 cm

소수 첫째 자리까지 (ㅤㅤ)
소수 둘째 자리까지 (ㅤㅤ)

9 원의 넓이는 몇 cm²입니까? (원주율: 3.14)

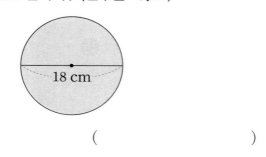

18 cm

(ㅤㅤ)

10 다음은 바퀴를 1바퀴 굴린 것입니다. 바퀴가 굴러간 길이는 몇 cm입니까? (원주율: 3.14)

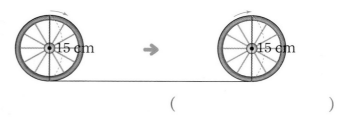

15 cm ➡ 15 cm

(ㅤㅤ)

11 원을 한없이 잘게 잘라 이어 붙여서 직사각형을 만들었습니다. □ 안에 알맞은 수를 써넣으시오. (원주율: 3)

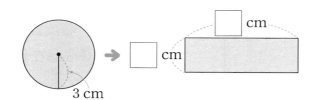

12 지우는 길이가 37.2 cm인 색 테이프를 겹치지 않게 붙여서 원을 만들었습니다. 만들어진 원의 지름은 몇 cm입니까? (원주율: 3.1)

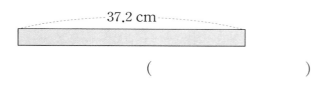

( )

13 정육각형의 넓이를 이용하여 원의 넓이를 어림하려고 합니다. 삼각형 ㄱㅇㄷ의 넓이가 32 cm², 삼각형 ㄹㅇㅂ의 넓이가 24 cm²일 때 □ 안에 알맞은 수를 써넣고 원의 넓이를 어림하시오. [추론]

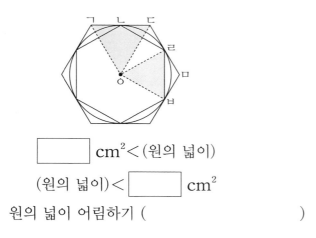

$\boxed{}$ cm² < (원의 넓이)

(원의 넓이) < $\boxed{}$ cm²

원의 넓이 어림하기 ( )

14 지름이 22 cm인 원 모양의 접시가 있습니다. 이 접시의 넓이는 몇 cm²입니까? (원주율: 3.1)

( )

15 작은 원의 지름이 6 cm일 때 큰 원의 원주는 몇 cm입니까? (원주율: 3.14)

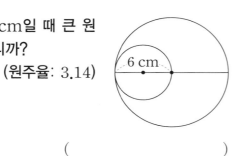

( )

16 케이크 윗부분이 다음과 같은 원 모양의 케이크 ㉠과 ㉡이 있습니다. 두 케이크의 높이가 같을 때 더 큰 케이크의 기호를 쓰시오. (원주율: 3.1)

㉠ 지름이 24 cm인 케이크
㉡ 원주가 80.6 cm인 케이크

( )

17 직사각형 모양의 종이를 잘라 만들 수 있는 가장 큰 원의 넓이는 몇 cm²입니까? (원주율: 3.14) [문제 해결]

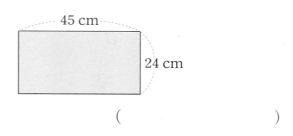

( )

18 넓이가 111.6 cm²인 원의 원주는 몇 cm입니까?

(원주율: 3.1)

( )

19 오른쪽 정사각형 모양의 종이에서 로봇이 그려진 원 모양을 떼어 냈을 때 남은 부분의 넓이는 몇 cm²입니까? (원주율: 3.1) [융합형]

( )

20 색칠한 부분의 넓이는 몇 cm²입니까? (원주율: 3.14)

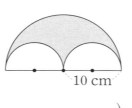

( )

6. 원기둥, 원뿔, 구

1 원기둥 알아보기

• 원기둥: , , 등과 같은 입체도형

┌ **밑면**: 서로 평행하고 합동인 두 면
├ **옆면**: 두 밑면과 만나는 면
└ **높이**: 두 밑면에 수직인 선분의 길이

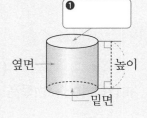

2 원기둥의 전개도 알아보기

• 원기둥의 **전개도**: 원기둥을 잘라서 펼쳐 놓은 그림

• 원기둥의 전개도에서 밑면은 ❷[   ] 모양이고 옆면은 직사각형 모양입니다.

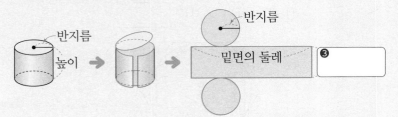

3 원뿔 알아보기

• 원뿔: , , 등과 같은 입체도형

┌ **밑면**: 평평한 면
├ **옆면**: 옆을 둘러싼 굽은 면
├ **원뿔의 꼭짓점**: 뾰족한 부분의 점
├ **모선**: 원뿔의 꼭짓점과 밑면인 원의 둘레의 한 점을 이은 선분
└ **높이**: 원뿔의 꼭짓점에서 밑면에 수직인 선분의 길이

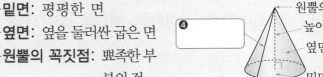

4 구 알아보기

• 구: , , 등과 같은 입체도형

┌ **구의 중심**: 구에서 가장 안쪽에 있는 점
└ **구의 반지름**: 구의 중심에서 구의 겉면의 한 점을 이은 선분

5 여러 가지 모양 만들기

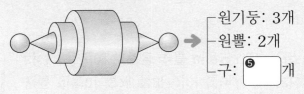 → 원기둥: 3개
원뿔: 2개
구: ❺[   ]개

정답: ❶ 밑면 ❷ 원 ❸ 높이 ❹ 모선 ❺ 2

대표유형 ❶

다음에서 원기둥은 모두 몇 개입니까?

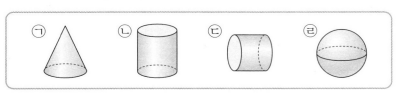

풀이

원기둥을 찾아 기호를 쓰면 [   ]과 [   ]입니다.

따라서 원기둥은 모두 [   ]개입니다.

답 _____

대표유형 ❷

원기둥의 전개도에서 직사각형의 넓이는 몇 cm^2인지 구하시오.
(원주율: 3)

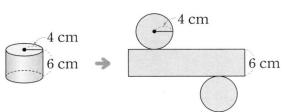

풀이

(직사각형의 가로)=(밑면의 원주)=4×[   ]×3

　　　　　　　　　=[   ](cm)

(직사각형의 세로)=(원기둥의 높이)=[   ]cm

➡ (직사각형의 넓이)=(가로)×(세로)

　　　　　　　　　=[   ]×[   ]=[   ](cm²)

답 _____

대표유형 ❸

원뿔을 보고 모선의 길이와 높이는 각각 몇 cm인지 차례로 쓰시오.

풀이

(모선의 길이)=[   ]cm

(높이)=[   ]cm

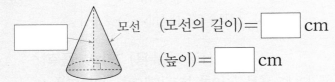

답 _____

1 원기둥에서 밑면을 모두 찾아 색칠하시오.

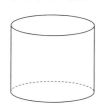

2 원뿔의 높이를 재는 그림에 ○표 하시오.

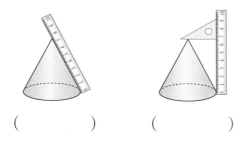

(   )   (   )

3 구의 반지름은 몇 cm입니까?

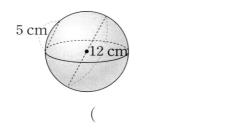

(   )

4 한 변을 기준으로 직사각형 모양의 종이를 돌려 만든 입체도형의 겨냥도를 그려 보시오.

5 원기둥의 전개도를 찾아 기호를 쓰시오.

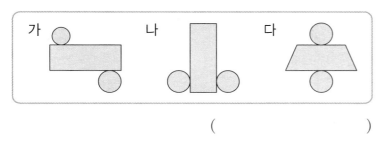

(   )

6 어느 방향에서 보아도 모양이 같은 도형을 찾아 ○표 하시오.

원기둥	원뿔	구

(   )   (   )   (   )

7 원기둥에 대한 설명으로 옳은 것을 모두 고르시오.

                             (   )

① 꼭짓점이 있습니다.
② 밑면은 1개입니다.
③ 밑면의 모양은 원입니다.
④ 두 밑면은 서로 합동입니다.
⑤ 옆면은 평평한 면입니다.

8 원뿔을 위, 앞, 옆에서 본 모양을 ▌보기▐에서 골라 기호를 쓰시오.

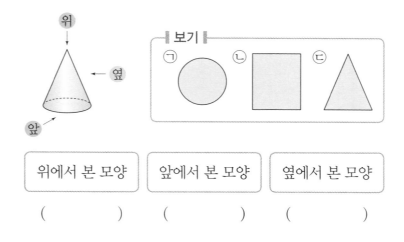

위에서 본 모양	앞에서 본 모양	옆에서 본 모양

(   )   (   )   (   )

서술형

9 원기둥과 원뿔의 차이점을 1가지 쓰시오.

차이점 _____

_____

10 원기둥, 원뿔, 구 모양을 사용하여 만든 모양입니다. 원기둥, 원뿔, 구 중에서 가장 많이 사용한 모양은 어느 것입니까?

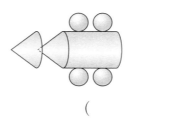

(   )

11 원기둥과 원뿔 중에서 어느 도형의 높이가 몇 cm 더 높은 지 차례로 쓰시오.

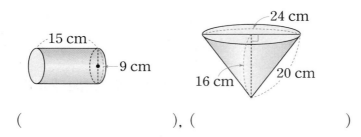

( ), ( )

12 지름을 기준으로 반원 모양의 종이를 돌려서 만든 입체도 형입니다. 반원의 반지름은 몇 cm입니까?

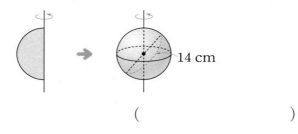

( )

13 변 ㄱㄷ을 기준으로 삼각형 모양 의 종이를 돌려서 원뿔을 만들었 습니다. 원뿔의 모선의 길이와 밑 면의 지름은 각각 몇 cm입니까?

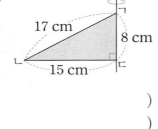

모선의 길이 ( )

밑면의 지름 ( )

14 다음 설명을 모두 만족하는 입체도형은 원기둥, 원뿔, 구 중에서 어느 것입니까?

- 뾰족한 부분이 없습니다.
- 평평한 면이 없습니다.
- 어느 방향에서 보아도 모두 원 모양입니다.

( )

추론

15 원기둥의 전개도를 완성하고 밑면의 반지름, 옆면의 가로 와 세로의 길이를 각각 나타내시오. (원주율: 3)

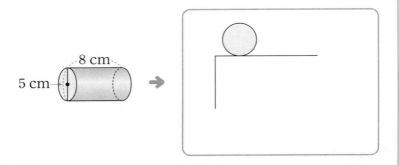

추론

16 원기둥의 전개도입니다. 원기둥의 밑면의 반지름은 몇 cm입니까? (원주율: 3.14)

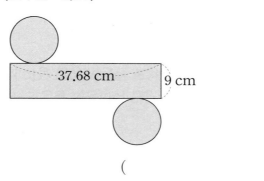

( )

17 원뿔과 각뿔의 공통점을 바르게 설명한 사람을 찾아 이름 을 쓰시오.

영민: 둘 다 굽은 면이 있어.
세준: 둘 다 밑면이 1개야.
성재: 둘 다 밑면의 모양이 원이야.

( )

18 한 변을 기준으로 직사각형 모양의 종이를 돌려 만든 입체 도형의 한 밑면의 넓이는 몇 cm²입니까? (원주율: 3.1)

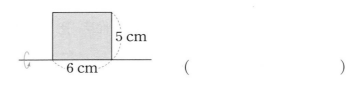

( )

19 오른쪽 원기둥을 앞에서 본 모양의 둘레는 몇 cm입니까?

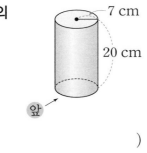

( )

문제 해결

20 다음 원기둥 모양의 음료수 캔을 한 바퀴 굴렸더니 음료수 캔이 지나간 부분이 넓이가 113.04 cm²인 직사각형 모양 입니다. 음료수 캔의 밑면의 지름은 몇 cm입니까?

(원주율: 3.14)

( )

[4단원]
1 비례식에서 외항과 내항을 각각 모두 찾아 쓰시오. 2점

$$9 : 11 = 18 : 22$$

외항 (   )

내항 (   )

[6단원]
2 도형을 보고 원기둥을 모두 찾아 기호를 쓰시오. 2점

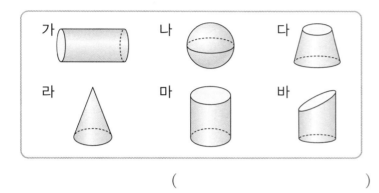

가   나   다
라   마   바

(   )

[5단원]
3 □ 안에 알맞은 수를 써넣으시오. (원주율: 3.1) 2점

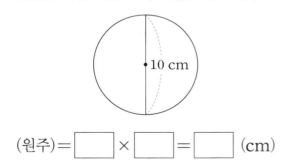

10 cm

(원주) = ☐ × ☐ = ☐ (cm)

[6단원]
4 오른쪽 원뿔에서 높이를 나타내는 선분을 찾아 쓰시오. 2점

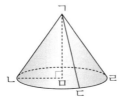

(   )

[6단원]
5 원뿔의 모선의 길이는 몇 cm입니까? 3점

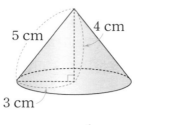

5 cm   4 cm
3 cm

(   )

[4단원]
6 비의 성질을 이용하여 비율이 같은 두 비를 찾아 ◯표 하시오. 3점

3 : 4   9 : 20   12 : 16

(   )   (   )   (   )

[4단원]
7 비율이 같은 두 비를 찾아 비례식으로 나타내시오. 3점

4 : 5   8 : 9   16 : 20   15 : 12

(   )

[5단원]
8 원주는 몇 cm입니까? (원주율: 3.1) 3점

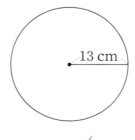

13 cm

(   )

[6단원]

9 원뿔에서 개수를 바르게 쓴 것을 찾아 기호를 쓰시오. 3점

> ㉠ 원뿔의 밑면: 2개
> ㉡ 원뿔의 모선: 2개
> ㉢ 원뿔의 꼭짓점: 1개

( )

[5단원]

10 원의 넓이는 몇 cm²입니까? (원주율: 3.14) 3점

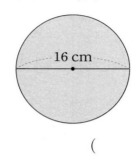

( )

[5단원]

11 지름이 ㉠ cm인 원의 원주가 다음과 같습니다. ㉠에 알맞은 수를 구하시오. (원주율: 3.14) 3점

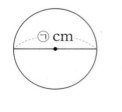

원주: 25.12 cm

( )

[6단원] 서술형

12 다음이 원기둥의 전개도가 <u>아닌</u> 이유를 쓰시오. 3점

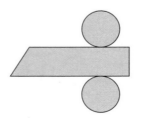

이유 _____

_____

_____

[5단원]

13 통조림 캔의 뚜껑이 원 모양입니다. 이 뚜껑의 지름이 12 cm라면 넓이는 몇 cm²입니까? (원주율: 3) 3점

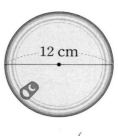

( )

[6단원]

14 구에 대해 바르게 설명한 것을 모두 찾아 기호를 쓰시오. 3점

> ㉠ 구의 중심은 1개입니다.
> ㉡ 구를 위에서 보면 삼각형 모양입니다.
> ㉢ 구를 앞에서 보면 원 모양입니다.

( )

[6단원]

15 원기둥의 전개도입니다. 직사각형의 가로의 길이는 몇 cm입니까? (원주율: 3) 3점

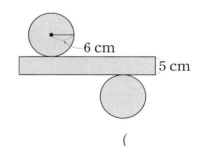

6 cm

5 cm

( )

[4단원]

16 승현이는 영화관에서 3D 만화영화를 관람하려고 합니다. 다음을 보고 36000원으로는 3D 만화영화를 몇 명까지 관람할 수 있는지 구하시오. 3점

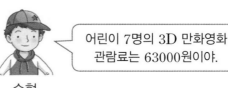

어린이 7명의 3D 만화영화 관람료는 63000원이야.

승현

( )

17 [4단원]
화분 한 개에 국화를 한 포기씩 심으려고 합니다. 국화 918포기를 둥근 화분과 네모난 화분에 5 : 4로 나누어 심으려면 화분은 각각 몇 개 준비해야 합니까? 4점

둥근 화분 (　　　　　　　)
네모난 화분 (　　　　　　　)

18 [4단원] 서술형
정민이는 높이가 5 m인 나무의 옆에 서 있습니다. 나무의 그림자 길이가 6.5 m인 시각에 키가 1.4 m인 정민이의 그림자 길이는 몇 m인지 구하려고 합니다. 정민이의 그림자 길이를 □ m라 놓고 비례식을 세워 풀이 과정을 쓰고 답을 구하시오. 4점

풀이 _____

_____

_____

답 _____

19 [5단원]
원주가 더 긴 것의 기호를 쓰시오. (원주율: 3.14) 4점

┌─────────────────────────┐
│ ㉠ 원주가 28.26 cm인 원   │
│ ㉡ 반지름이 5 cm인 원   │
└─────────────────────────┘

(　　　　　　　)

20 [4단원]
다음을 보고 ㉮와 ㉯의 비를 간단한 자연수의 비로 나타내시오. 4점

$$㉮ \times \frac{1}{2} = ㉯ \times 2.3$$

(　　　　　　　)

21 [5단원] 창의·융합
원 모양의 피자를 한 변의 길이가 30 cm인 정사각형 모양의 상자 안에 넣었더니 크기가 꼭 맞게 들어갔습니다. 피자의 원주는 몇 cm입니까? (원주율: 3.1) 4점

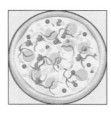

(　　　　　　　)

22 [4단원]
삼각형과 평행사변형의 넓이의 비를 간단한 자연수의 비로 나타내시오. 4점

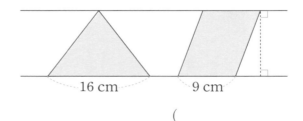

16 cm　　　9 cm

(　　　　　　　)

23 [5단원]
민재와 영석이가 바깥쪽 반지름이 50 cm인 훌라후프를 4바퀴 굴린 거리의 끝에서 서로 마주 보며 서 있습니다. 두 사람 사이의 거리는 몇 cm입니까? (원주율: 3) 4점

(　　　　　　　)

24 [6단원]
(㉠ + ㉡ − ㉢) × ㉣의 값을 구하시오. 4점

┌──────────────────────────┐
│ ㉠ 원기둥의 밑면의 수   │
│ ㉡ 원뿔의 밑면의 수   │
│ ㉢ 원뿔의 꼭짓점의 수   │
│ ㉣ 구의 꼭짓점의 수   │
└──────────────────────────┘

(　　　　　　　)

25 [4단원]

$\frac{3}{5} : \frac{\bigstar}{7}$ 을 간단한 자연수의 비로 나타내면 $21 : 20$ 입니다. ★에 알맞은 수를 구하시오. 4점

(   )

26 [6단원]

한 변을 기준으로 직각삼각형 모양의 종이를 돌려 만든 입체도형입니다. 돌리기 전 종이의 넓이는 몇 cm^2 입니까? 4점

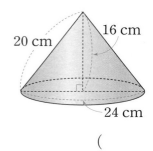

(   )

27 [5단원]

다음 정사각형에서 색칠한 부분의 넓이는 몇 cm^2 입니까? (원주율: 3) 4점

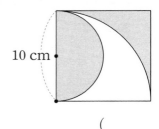

(   )

28 [6단원]

그림과 같은 원기둥 모양의 롤러에 페인트를 묻혀 종이에 2바퀴 굴렸습니다. 종이에 페인트가 칠해진 부분의 넓이는 몇 cm^2 입니까? (원주율: 3.14) 4점

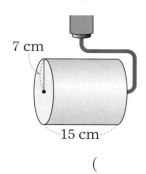

(   )

29 [4단원]

정사각형 ㉮와 ㉯의 한 변의 길이의 비는 $2 : 5$ 입니다. ㉯의 넓이가 $1025\ cm^2$ 일 때 ㉮의 넓이는 몇 cm^2 입니까? 4점

(   )

30 [5단원] 융합형

준호는 해머던지기 연습을 하고 있습니다. 왼쪽 그림과 같이 해머가 움직이면서 작은 원과 큰 원을 그렸습니다. 큰 원의 원주가 $744\ cm$ 라고 할 때 작은 원의 반지름은 몇 cm 입니까? (원주율: 3.1) 4점

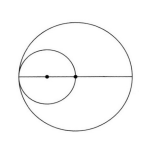

준호

(   )

[4단원]
1 비례식이면 ○표, 비례식이 아니면 ✕표 하시오. 2점

$$3 : 2 = 4 : 6$$

(   )

[6단원]
2 지름을 기준으로 왼쪽과 같은 반원 모양의 종이를 돌려 만든 입체도형을 찾아 기호를 쓰시오. 2점

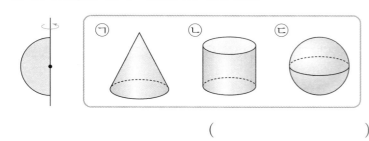

(   )

[5단원]
3 □ 안에 알맞은 말을 써넣으시오. 2점

(원주율)＝(원주)÷(   )

➡ (지름)＝(원주)÷(   )

[5단원]
4 원의 넓이는 몇 cm²입니까? (원주율: 3.14) 2점

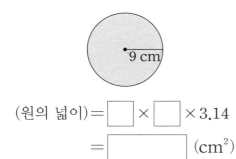
9 cm

(원의 넓이)＝ □ × □ × 3.14

＝ □ (cm²)

[6단원]
5 오른쪽 원뿔에서 높이를 나타내는 선분을 찾아 기호를 쓰시오. 3점

㉠ 선분 ㄱㄴ   ㉡ 선분 ㄱㅁ
㉢ 선분 ㄴㄹ   ㉣ 선분 ㄱㄷ

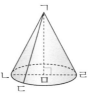

(   )

[4단원]
6 비의 성질을 이용하여 비율이 같은 비를 만들려고 합니다. □ 안에 알맞은 수를 써넣으시오. 3점

$$2 : 5 \ ➡ \ 4 : \boxed{} \ ➡ \ \boxed{} : 15$$

[6단원]
7 원기둥의 전개도를 모두 고르시오. 3점 ⋯⋯ (   )

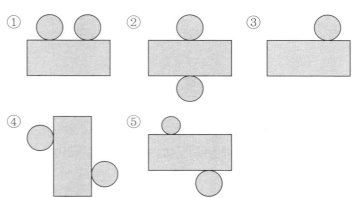

[4단원]
8 간단한 자연수의 비로 나타내시오. 3점

$$2\frac{2}{5} : 1.1$$

(   )

[4단원]

9 어머니가 주신 용돈을 선영이와 동생이 5 : 3으로 나누어 가지려고 합니다. 동생은 전체 용돈의 몇 분의 몇을 가지게 됩니까? 3점

( )

[6단원]

10 한 변을 기준으로 직각삼각형 모양의 종이를 돌려서 원뿔을 만들었습니다. 원뿔의 밑면의 지름과 모선의 길이는 각각 몇 cm입니까? 3점

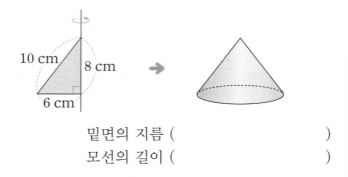

밑면의 지름 ( )
모선의 길이 ( )

[6단원]

11 원뿔에 대한 설명으로 알맞은 것을 찾아 기호를 쓰시오. 3점

> ㉠ 밑면의 모양은 정사각형입니다.
> ㉡ 앞에서 본 모양과 옆에서 본 모양이 모두 삼각형입니다.
> ㉢ 밑면은 합동인 면으로 2개 있습니다.
> ㉣ 꼭짓점이 없습니다.

( )

[4단원]

12 안의 수를 주어진 비로 나누어 [,] 안에 쓰시오. 3점

80   3 : 7 ➡ [,]

[5단원]

13 빈칸에 알맞은 수를 써넣으시오. 3점

원주(cm)	반지름(cm)	지름(cm)	(원주)÷(지름)
25.12		8	
56.52	9		

[5단원]

14 원의 넓이는 몇 cm²입니까? (원주율: 3.1) 3점

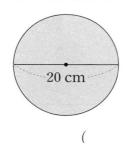

( )

[4단원]

15 지윤이네 학교의 6학년 학생 중에서 남학생은 180명이고 여학생은 150명입니다. 남학생 수와 여학생 수의 비를 간단한 자연수의 비로 나타내시오. 3점

( )

[5단원]

16 반지름이 8 cm인 원을 한없이 잘게 잘라 이어 붙여서 직사각형을 만들었습니다. ㉠에 알맞은 수를 구하시오.
(원주율: 3) 3점

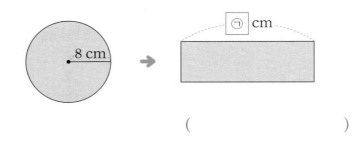

( )

17 [5단원]
원주가 55.8 cm인 원이 있습니다. 이 원의 반지름은 몇 cm입니까? (원주율: 3.1) 4점

( )

18 [6단원] 서술형
원기둥과 각기둥의 차이점을 1가지 쓰시오. 4점

차이점 _____

_____

_____

_____

19 [6단원]
구를 위에서 볼 때 모양이 가장 큰 것의 기호를 쓰시오. 4점

┌─────────────────────────┐
│ ㉠ 반지름이 5 cm인 구   │
│ ㉡ 지름이 12 cm인 구   │
│ ㉢ 반지름이 7 cm인 구   │
└─────────────────────────┘

( )

20 [4단원] 문제 해결
일정한 빠르기로 9 km를 달리는 데 6분이 걸리는 자동차가 있습니다. 이 자동차가 120 km를 달리는 데 걸리는 시간은 몇 분인지 구하시오. 4점

( )

21 [5단원]
색칠한 부분의 넓이는 몇 cm²입니까? (원주율: 3.1) 4점

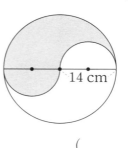

14 cm

( )

22 [6단원]
원기둥 모양의 통의 옆면에 포장지를 겹치지 않게 붙였습니다. 원기둥의 전개도를 보고 붙인 포장지의 넓이는 몇 cm²인지 구하시오. (원주율: 3.14) 4점

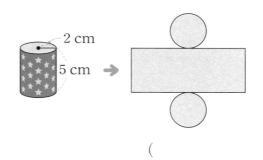

2 cm

5 cm

( )

23 [4단원]
비례식에서 ㉮와 ㉯의 곱은 270입니다. □ 안에 알맞은 수를 구하시오. 4점

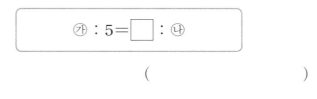

㉮ : 5 = □ : ㉯

( )

24 [6단원]
오른쪽 원기둥을 앞에서 본 모양의 둘레는 몇 cm입니까? 4점

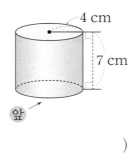

4 cm

7 cm

앞

( )

[5단원]

25 지름이 3 cm인 원 ㉮와 지름이 ㉮의 2배인 원 ㉯가 있습니다. 원 ㉯의 원주는 원 ㉮의 원주의 몇 배입니까?

(원주율: 3.1) 4점

(   )

[5단원]

26 원주율은 다음과 같이 소수로 끝없이 계속됩니다. 서영이가 반지름이 3.5 cm인 원의 원주를 구할 때 원주율을 반올림하여 소수 첫째 자리까지 나타낸 수로 정하여 계산했습니다. 서영이가 구한 원주는 몇 cm입니까? 4점

3.14159265358979……

(   )

[4단원]   서술형

27 지유와 민우가 구슬 282개를 나누어 가졌습니다. 지유가 민우보다 18개를 더 많이 가졌을 때, 지유와 민우가 가진 구슬 수의 비를 간단한 자연수의 비로 나타내는 풀이 과정을 쓰고 답을 구하시오. 4점

풀이 _____

_____

_____

_____

답 _____

[5단원]

28 다음은 직사각형 안에 원 모양을 이용하여 그린 것입니다. 색칠한 부분의 둘레는 몇 cm입니까? (원주율: 3.1) 4점

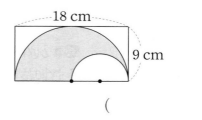

(   )

[4단원]

29 여학생 중 5명이 교실에서 나간 후 교실에 있는 남학생 수와 여학생 수의 비가 5 : 3이 되었습니다. 교실에 남아 있는 학생이 32명일 때 처음 교실에 있던 여학생은 몇 명입니까? 4점

(   )

[4단원]

30 삼각형 ㄱㄴㄹ의 넓이는 56 cm²이고 변 ㄴㄷ과 변 ㄷㄹ의 길이의 비는 $2\frac{1}{2} : 1\frac{7}{8}$입니다. 삼각형 ㄱㄷㄹ의 넓이는 몇 cm²입니까? 4점

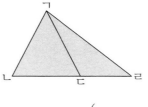

(   )

[1단원]
1 □ 안에 알맞은 수를 써넣으시오. 2점

$$\frac{9}{17} \div \frac{3}{17} = \boxed{} \div \boxed{} = \boxed{}$$

[2단원]
2 □ 안에 알맞은 수를 써넣으시오. 2점

$$2.8 \div 0.7 = \frac{28}{10} \div \frac{\boxed{}}{10}$$
$$= 28 \div \boxed{} = \boxed{}$$

[6단원]
3 그림을 보고 □ 안에 알맞은 수나 말을 써넣으시오. 2점

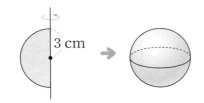

지름을 기준으로 반원 모양의 종이를 돌려 만든 입체도형은 □입니다. 이 입체도형의 반지름은 □ cm입니다.

[4단원]
4 간단한 자연수의 비로 나타내려고 합니다. □ 안에 알맞은 수를 써넣으시오. 2점

$$0.7 : 2\frac{1}{4} \rightarrow 14 : \boxed{}$$

[3단원]
5 쌓기나무로 쌓은 모양과 위에서 본 모양입니다. 똑같은 모양으로 쌓는 데 필요한 쌓기나무는 몇 개입니까? 3점

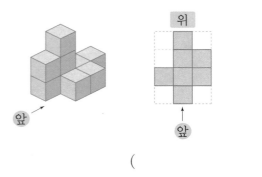

(   )

[2단원]
6 몫을 반올림하여 소수 둘째 자리까지 나타내시오. 3점

$$12.3 \div 5.2$$

(   )

[5단원]
7 지름이 7 cm인 원의 원주를 바르게 구한 것에 ○표 하시오. (원주율: 3.14) 3점

| 10.99 cm | 21 cm | 21.98 cm |

(   )   (   )   (   )

[2단원]
8 유형이네 강아지의 무게는 5.4 kg이고 고양이의 무게는 3.6 kg입니다. 강아지의 무게는 고양이의 무게의 몇 배입니까? 3점

(   )

[6단원]

9 원기둥의 높이가 가장 높은 것부터 차례로 기호를 쓰시오. 3점

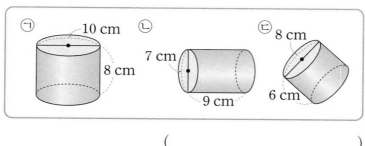

( )

[6단원]

10 원기둥의 전개도를 보고 ㉠과 ㉡에 알맞은 수를 각각 구하시오. 3점

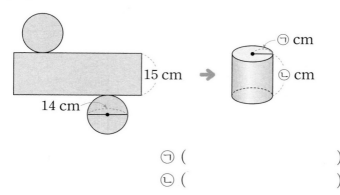

㉠ ( )
㉡ ( )

[5단원]

11 지름과 원주율에 대한 설명으로 <u>틀린</u> 것을 찾아 기호를 쓰시오. 3점

> ㉠ 지름은 원 위의 두 점을 이은 선분 중 가장 깁니다.
> ㉡ (원주율)=(원주)÷(지름)입니다.
> ㉢ 반지름이 길어지면 원주율도 커집니다.

( )

[3단원]

12 오른쪽 쌓기나무 모양에 쌓기나무 1개를 더 붙여서 만들 수 있는 모양을 모두 찾아 기호를 쓰시오. 3점

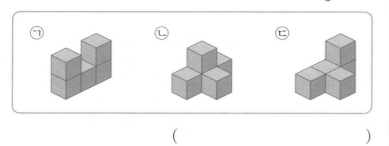

( )

[3단원]

13 오른쪽은 쌓기나무 12개로 쌓은 모양입니다. 위와 앞에서 본 모양을 각각 그리시오. 3점

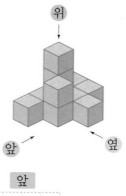

위   앞

[4단원]

14 공책 77권을 정혜와 유민이에게 5 : 6으로 나누어 주려고 합니다. 정혜와 유민이가 받게 되는 공책은 각각 몇 권입니까? 3점

정혜 ( )
유민 ( )

[3단원]

15 쌓기나무로 쌓은 모양을 위, 앞, 옆에서 본 모양입니다. 똑같은 모양으로 쌓는 데 필요한 쌓기나무는 몇 개입니까? 3점

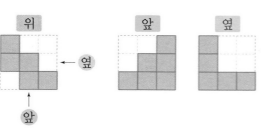

( )

[4단원]

16 비율이 $\frac{3}{5}$인 자연수의 비 중에서 전항과 후항이 모두 15 미만인 비를 모두 쓰시오. 3점

( )

17 [1단원]
□ 안에 알맞은 분수를 구하시오. **4점**

$$2\frac{3}{4} \times \boxed{} = 1\frac{1}{10}$$

(   )

18 [5단원]
오른쪽 원에서 색칠된 부분의 넓이는 몇 cm²입니까? (원주율: 3) **4점**

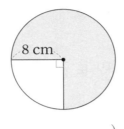

(   )

19 [4단원] **융합형**
승은이네 학교에서는 식목일에 심을 채송화 507송이를 5학년과 6학년 학생에게 학생 수의 비로 나누어 주려고 합니다. 6학년 학생에게 몇 송이를 주어야 합니까? **4점**

학년	5학년	6학년
학생 수(명)	120	140

(   )

20 [6단원]
한 변을 기준으로 어떤 평면도형 모양의 종이를 돌려 만든 입체도형입니다. 돌리기 전 평면도형의 둘레는 몇 cm입니까? **4점**

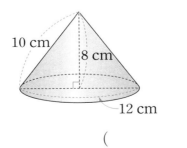

(   )

21 [5단원]
길이가 75.36 cm인 철사가 있습니다. 이 철사를 겹치지 않게 이어서 만들 수 있는 가장 큰 원의 반지름은 몇 cm입니까? (원주율: 3.14) **4점**

(   )

22 [4단원]
비례식에서 □ 안에 알맞은 수가 가장 큰 것을 찾아 기호를 쓰시오. **4점**

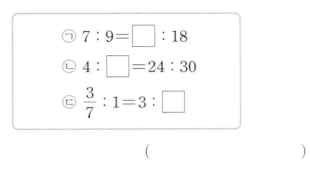

$\bigcirc$ $7 : 9 = \boxed{} : 18$

$\bigcirc$ $4 : \boxed{} = 24 : 30$

$\bigcirc$ $\frac{3}{7} : 1 = 3 : \boxed{}$

(   )

23 [2단원]
짐을 3.5 t까지 실을 수 있는 화물차가 있습니다. 이 화물차에 무게가 8 kg인 상자를 몇 개까지 실을 수 있습니까? **4점**

(   )

24 [1단원] **서술형**
석규는 가지고 있던 돈의 $\frac{2}{5}$로 공을 샀더니 900원이 남았습니다. 석규가 처음에 가지고 있던 돈은 얼마인지 풀이 과정을 쓰고 답을 구하시오. **4점**

풀이

_____

_____

_____

_____

답 _____

25 [1단원]
어떤 수를 $2\frac{2}{5}$로 나누어야 할 것을 잘못하여 곱하였더니 $10\frac{18}{25}$이 되었습니다. 바르게 계산한 값을 구하시오. [4점]

( )

26 [6단원]
오른쪽과 같은 원기둥 모양의 롤러가 있습니다. 이 롤러의 옆면에 페인트를 묻힌 후 2바퀴 굴렸더니 색칠된 부분의 넓이가 502.4 cm^2였습니다. 롤러의 밑면의 지름은 몇 cm입니까?
(원주율: 3.14) [4점]

( )

27 [5단원]
다음 운동장에 대한 설명을 보고 운동장의 넓이는 몇 m^2인지 구하시오. (원주율: 3.1) [4점]

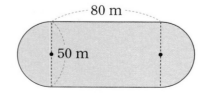

• 운동장에서 직선 거리는 80 m입니다.
• 운동장의 양 끝은 반원 모양입니다.

( )

28 [2단원]
소금 120.2 kg을 자루 한 개에 9 kg씩 담아 소금 자루를 모두 팔았습니다. 남은 소금을 음식점에서 하루에 0.8 kg씩 사용하려고 합니다. 음식점에서 이 소금을 며칠 동안 사용할 수 있습니까? [4점]

( )

29 [1단원] 서술형
수 카드 5장이 있습니다. 수 카드 3장을 한 번씩만 사용하여 만들 수 있는 가장 큰 대분수를 만들고, 남은 수로 진분수를 만들어 대분수를 진분수로 나누려고 합니다. 풀이 과정을 쓰고 답을 구하시오. [4점]

| 1 | 4 | 5 | 7 | 9 |

풀이 _____

_____

_____

_____

답 _____

30 [3단원]
쌓기나무로 만든 정육면체 모양의 바깥쪽 면을 모두 파란색으로 색칠했습니다. 세 면이 색칠된 쌓기나무와 두 면이 색칠된 쌓기나무 개수의 차는 몇 개입니까? (단, 바닥 부분도 색칠했습니다.) [4점]

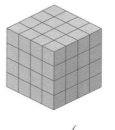

( )

[1단원]

1 $\dfrac{7}{8} \div \dfrac{3}{5}$ 을 계산할 때 곱셈식으로 바르게 나타낸 것은 어느 것입니까? **2점** ·········· ( )

① $\dfrac{7}{8} \times \dfrac{3}{5}$　② $\dfrac{8}{7} \times \dfrac{3}{5}$　③ $\dfrac{8}{7} \times \dfrac{5}{5}$

④ $\dfrac{7}{8} \times \dfrac{5}{3}$　⑤ $\dfrac{8}{7} \times \dfrac{5}{3}$

[4단원]

2 비례식이면 ○표, 비례식이 아니면 ×표 하시오. **2점**

$$4 : 15 = 2 : 5$$

( )

[6단원]

3 원기둥 가와 원뿔 나의 공통점을 찾아 기호를 쓰시오. **2점**

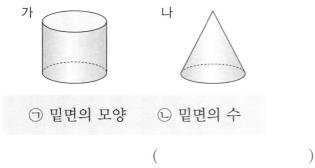

가　나

㉠ 밑면의 모양　㉡ 밑면의 수

( )

[3단원]

4 쌓기나무로 쌓은 모양과 위에서 본 모양을 보고 2층에 쌓은 쌓기나무는 몇 개인지 구하시오. **2점**

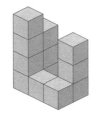 

위에서 본 모양

( )

[2단원]

5 소수의 나눗셈을 분수의 나눗셈으로 바르게 바꾼 것을 찾아 기호를 쓰시오. **3점**

㉠ $27.2 \div 3.4 = \dfrac{272}{100} \div \dfrac{34}{10}$

㉡ $27.2 \div 3.4 = \dfrac{272}{10} \div \dfrac{34}{10}$

( )

[4단원]

6 다음을 간단한 자연수의 비로 나타내시오. **3점**

$$0.9 : \dfrac{4}{7}$$

( )

[6단원]

7 원기둥과 원기둥의 전개도를 보고 □ 안에 알맞은 수를 구하시오. (원주율: 3) **3점**

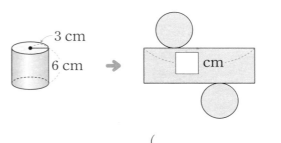

3 cm

6 cm → □ cm

( )

[1단원]

8 큰 수를 작은 수로 나눈 몫을 구하시오. **3점**

$$5\dfrac{5}{12} \qquad 2\dfrac{7}{9}$$

( )

9 [4단원]　융합형
어머니께서 다음과 같이 땅콩을 샐러드와 멸치볶음에 5:3으로 나누어 넣으려고 합니다. □ 안에 알맞은 수를 써넣으시오. 3점

> 땅콩 240 g을 5:3으로 비례배분하면
> [　　] g, [　　] g입니다.

10 [6단원]　서술형
다음은 원기둥의 전개도가 아닙니다. 그 이유를 쓰시오. 3점

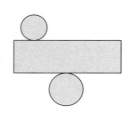

이유 _____

_____

11 [5단원]
한 변의 길이가 28 cm인 정사각형 안에 들어갈 수 있는 가장 큰 원의 넓이는 몇 cm²입니까? (원주율: 3.14) 3점

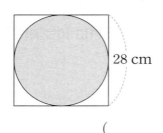

28 cm

(　　　　　　　)

12 [5단원]
오른쪽 원에서 색칠한 부분의 넓이는 몇 cm²입니까? (원주율: 3) 3점

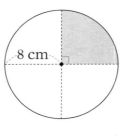

8 cm

(　　　　　　　)

13 [4단원]
두 개의 물통 ㉮의 들이와 ㉯의 들이의 비는 6:5입니다. ㉮ 물통의 들이가 24 L일 때, ㉯ 물통의 들이는 몇 L입니까? 3점

(　　　　　　　)

14 [3단원]
쌓기나무를 4개씩 붙여서 만든 두 가지 모양을 사용하여 오른쪽과 같은 모양을 만들었습니다. 사용한 두 가지 모양을 찾아 기호를 쓰시오. 3점

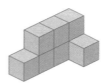

가　　　나　　　다　　　라

(　　　　　　　)

15 [5단원]
지름이 49 cm인 원 모양의 쟁반을 한 바퀴 굴렸습니다. 쟁반이 굴러간 거리는 몇 cm입니까? (원주율: 3.1) 3점

(　　　　　　　)

16 [1단원]
크기를 비교하여 ○ 안에 >, =, <를 알맞게 써넣으시오. 3점

$$4\frac{2}{3} \div \frac{4}{5} \bigcirc 4\frac{1}{5}$$

[3단원]

17 쌓기나무 8개로 쌓은 모양을 위와 옆에서 본 모양입니다. 어떤 모양을 본 것인지 찾아 기호를 쓰시오. 4점

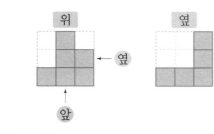

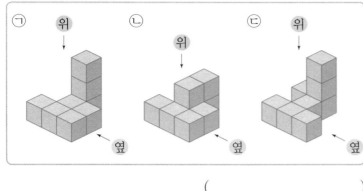

(   )

[5단원]   융합형

18 달리기는 기초 체력을 단련하는 데 효과적인 운동입니다. 준성이가 원 모양의 호수를 4바퀴 돈 거리가 다음과 같을 때, 이 호수의 지름은 몇 m입니까? (원주율: 3.1) 4점

> 호수를 4바퀴 돈 거리: 5332 m

(   )

[4단원]

19 비례식에서 □ 안에 알맞은 수를 구하시오. 4점

$$9 : (15 + \boxed{}) = 63 : 140$$

(   )

[2단원]

20 민정이는 일정한 빠르기로 거리가 7.28 km 떨어진 공원까지 걸어서 가는 데 1시간 24분이 걸렸습니다. 민정이가 한 시간 동안 걸은 거리는 몇 km입니까? 4점

(   )

[6단원]

21 원기둥의 전개도에서 옆면의 가로가 36 cm이고, 세로가 8 cm일 때 원기둥의 밑면의 반지름은 몇 cm인지 구하시오. (원주율: 3) 4점

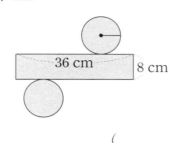

(   )

[2단원]

22 4장의 수 카드 8 , 2 , 4 , 1 을 한 번씩 모두 사용하여 다음과 같은 나눗셈식을 만들려고 합니다. 만들 수 있는 나눗셈식 중에서 몫이 가장 클 때의 몫을 구하시오. 4점

$$\boxed{}.\boxed{} \div \boxed{}.\boxed{}$$

(   )

[3단원]

23 쌓기나무 5개를 이용하여 다음 2가지 조건을 만족하는 모양을 만들려고 합니다. 만들 수 있는 모양은 모두 몇 가지입니까? (단, 모양을 뒤집거나 돌려서 같은 모양이 되는 것은 한 가지로 생각합니다.) 4점

> • 쌓기나무로 쌓은 모양은 2층입니다.
> • 위에서 본 모양은 직사각형입니다.

(   )

24 [1단원]
굵기가 일정한 두 철근 $\frac{1}{4}$ m와 $\frac{1}{2}$ m의 무게의 합은 6 kg 입니다. 이 철근 1 m의 무게는 몇 kg입니까? 4점

( )

25 [5단원]
넓이가 198.4 cm²인 원이 있습니다. 이 원의 원주는 몇 cm입니까? (원주율: 3.1) 4점

( )

26 [6단원]
다음과 같은 원기둥 모양의 롤러에 페인트를 묻혀 굴렸습니다. 페인트가 칠해진 부분의 넓이가 892.8 cm²라면 몇 바퀴 굴린 것입니까? (원주율: 3.1) 4점

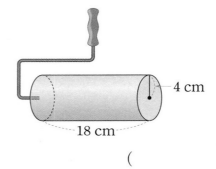

4 cm

18 cm

( )

27 [2단원]
길이가 9.36 m인 끈을 모두 0.78 m씩 자르려고 합니다. 몇 번을 잘라야 합니까? 4점

( )

28 [3단원]
오른쪽 모양에 쌓기나무 1개를 더 붙여서 만들 수 있는 모양은 모두 몇 가지입니까? (단, 모양을 뒤집거나 돌려서 같은 모양이 되는 것은 한 가지로 생각합니다.) 4점

( )

29 [1단원] 서술형
수경이는 어제까지 동화책의 $\frac{3}{8}$을 읽고 오늘은 어제까지 읽고 난 나머지의 $\frac{3}{5}$을 읽었습니다. 오늘까지 읽고 남은 쪽수가 40쪽이라면 동화책은 모두 몇 쪽인지 풀이 과정을 쓰고 답을 구하시오. 4점

풀이 _____

_____

_____

_____

답 _____

30 [2단원] 추론
다음 나눗셈의 몫을 구할 때 몫의 소수 18째 자리 숫자를 구하시오. 4점

$$1.3 \div 2.7$$

( )

[4단원]
1 비에서 전항과 후항을 각각 쓰시오. 2점

5.1 : 7

전항 (   )
후항 (   )

[1단원]
2 $\frac{6}{7} \div \frac{2}{7}$와 계산 결과가 같은 것을 찾아 기호를 쓰시오. 2점

㉠ 7÷6   ㉡ 6÷2   ㉢ 7÷2

(   )

[5단원]
3 □ 안에 알맞은 수를 써넣으시오. (원주율: 3.1) 2점

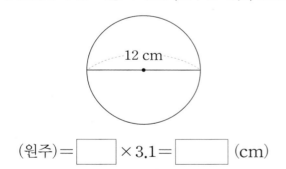
12 cm

(원주)= □ ×3.1= □ (cm)

[3단원]
4 오른쪽 모양을 돌리거나 뒤집었을 때 나오는 모양이 **아닌** 것을 찾아 기호를 쓰시오. 2점

㉠   ㉡

(   )

[5단원]
5 지름과 원주의 관계를 나타낸 표입니다. 빈칸에 알맞은 수를 써넣으시오. 3점

원	지름(cm)	원주(cm)	(원주)÷(지름)
가	7	21.98	
나	17	53.38	

[1단원]
6 빈 곳에 알맞은 수를 써넣으시오. 3점

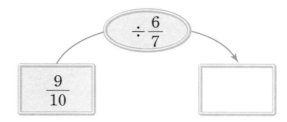
$\frac{9}{10}$ $\div \frac{6}{7}$

[4단원]
7 비율이 같은 두 비를 찾아 비례식을 세워 보시오. 3점

4 : 9   4 : 3   3 : 5   16 : 12

□ : □ = □ : □

[6단원]
8 원기둥과 각기둥의 공통점을 바르게 말한 사람의 이름을 쓰시오. 3점

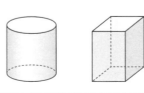

은지: 원기둥과 각기둥은 모두 밑면이 2개야.
연우: 원기둥과 각기둥의 밑면의 모양은 모두 원이야.

(   )

9 [3단원]
주어진 모양과 똑같이 쌓는 데 필요한 쌓기나무는 몇 개인지 구하시오. 3점

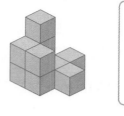 

위에서 본 모양

(   )

10 [2단원]
큰 수를 작은 수로 나눈 몫을 빈칸에 써넣으시오. 3점

5.16	0.43

11 [6단원]
오른쪽 원기둥에 대한 설명을 보고 밑면의 지름과 높이를 각각 구하시오. 3점

- 위에서 본 모양은 반지름이 4 cm인 원입니다.
- 앞에서 본 모양은 정사각형입니다.

밑면의 지름 (   )
높이 (   )

12 [6단원]
원뿔과 원기둥의 높이의 차는 몇 cm입니까? 3점

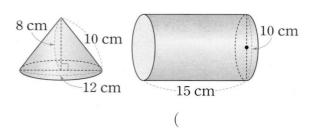

(   )

13 [4단원]
다음 비례식에서 외항의 곱이 120일 때, ㉠과 ㉡에 알맞은 수를 각각 구하시오. 3점

$$12 : 5 = ㉠ : ㉡$$

㉠ (   )
㉡ (   )

14 [6단원]
원기둥의 전개도에서 옆면의 가로는 몇 cm입니까?
(원주율: 3.1) 3점

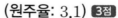
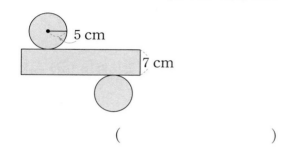

5 cm
7 cm

(   )

15 [5단원]   문제 해결
해찬이는 지름이 42 cm인 굴렁쇠를 가지고 집에서 학교까지의 거리를 알아보려고 합니다. 집에서 학교까지 가는 데 굴렁쇠를 250바퀴 굴렸다면 집에서 학교까지의 거리는 몇 cm입니까? (원주율: 3.14) 3점

(   )

16 [4단원]
넓이가 252 m²인 직사각형 모양의 텃밭을 9 : 5로 나누었습니다. 나누어진 두 개의 텃밭 중 더 넓은 텃밭의 넓이는 몇 m²입니까? 3점

(   )

[6단원]
17 반원 모양의 종이를 지름을 기준으로 한 바퀴 돌렸습니다. 만든 입체도형의 반지름은 몇 cm입니까? **4점**

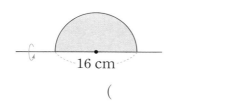

16 cm

( )

[3단원]
18 쌓기나무로 쌓은 모양을 보고 위에서 본 모양에 수를 썼습니다. 쌓은 모양을 앞과 옆에서 본 모양을 각각 그리시오. **4점**

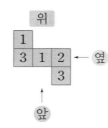

앞   옆

[1단원]
19 계산 결과가 더 큰 것을 찾아 기호를 쓰시오. **4점**

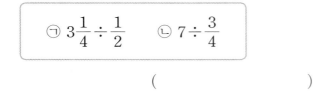

$\bigcirc \ 3\frac{1}{4} \div \frac{1}{2}$ $\bigcirc \ 7 \div \frac{3}{4}$

( )

[2단원]   서술형
20 어떤 수를 2.7로 나눈 몫은 8입니다. 어떤 수를 0.6으로 나눈 몫은 얼마인지 풀이 과정을 쓰고 답을 구하시오. **4점**

풀이 _____

_____

_____

답 _____

[2단원]
21 장난감 공장에서 플라스틱 원료 9 g으로 장난감 1개를 만들어 낸다고 합니다. 플라스틱 원료 824.9 g으로는 장난감을 몇 개 만들 수 있습니까? 그리고 남는 플라스틱 원료는 몇 g입니까? **4점**

( ), ( )

[3단원]
22 쌓기나무를 4개씩 붙여서 만든 두 가지 모양을 사용하여 새롭게 만든 모양입니다. 어떻게 만들었는지 2가지 색으로 구분하여 색칠하시오. **4점**

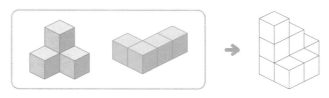

[5단원]
23 색칠한 부분의 넓이는 몇 cm²입니까? (원주율: 3.1) **4점**

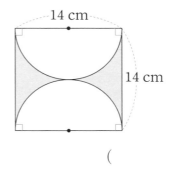

14 cm

14 cm

( )

[1단원]   서술형
24 가로가 $6\frac{7}{8}$ m이고 세로가 $2\frac{4}{5}$ m인 직사각형 모양의 벽을 칠하는 데 $\frac{11}{10}$ L의 페인트를 사용하였습니다. 1 L의 페인트로 몇 m²의 벽을 칠했는지 풀이 과정을 쓰고 답을 구하시오. **4점**

풀이 _____

_____

_____

답 _____

[1단원]

25 3장의 수 카드를 한 번씩 모두 사용하여 대분수를 만들려고 합니다. 만들 수 있는 대분수 중에서 가장 큰 대분수는 가장 작은 대분수의 몇 배입니까? 4점

3 7 5

(   )

[5단원]

26 색칠한 부분의 넓이는 몇 cm²입니까? (원주율: 3) 4점

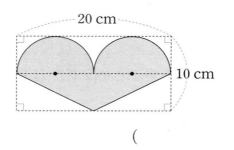

(   )

[4단원]   창의력

27 두 원 가와 나가 그림과 같이 겹쳐져 있습니다. 겹쳐진 부분의 넓이는 가의 0.4이고 나의 $\frac{1}{3}$입니다. 가의 넓이와 나의 넓이의 비를 간단한 자연수의 비로 나타내시오. 4점

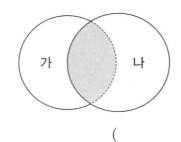

(   )

[2단원]

28 똑같은 음료수 50개를 담은 상자의 무게를 재어 보니 24.58 kg이었습니다. 음료수 34개가 팔린 후 남은 음료수를 담은 상자의 무게를 재어 보니 16.9 kg이었습니다. 음료수 한 개의 무게는 몇 kg인지 반올림하여 소수 둘째 자리까지 나타내시오. 4점

(   )

[3단원]

29 쌓기나무로 쌓은 모양을 위, 앞, 옆에서 본 모양입니다. 쌓은 쌓기나무가 가장 많은 경우와 가장 적은 경우의 쌓기나무 수는 각각 몇 개인지 구하시오. 4점

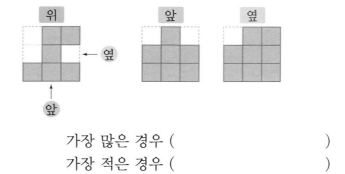

가장 많은 경우 (   )
가장 적은 경우 (   )

[2단원]

30 다음 나눗셈의 몫을 반올림하여 소수 둘째 자리까지 나타내면 5.53이 됩니다. 0부터 9까지의 수 중에서 □ 안에 들어갈 수 있는 한 자리 수는 모두 몇 개입니까? 4점

51.4□7÷9.3

(   )

[6단원]
1 원뿔은 어느 것입니까? 2점 ·············· (   )

①   ②   ③

④   ⑤

[4단원]
2 □ 안에 수를 써넣어 간단한 자연수의 비로 나타내시오.
2점

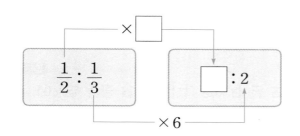

[3단원]
3 쌓기나무로 쌓은 모양을 보고 위에서 본 모양에 수를 쓰려고 합니다. ㉠에 쌓인 쌓기나무는 몇 개입니까? 2점

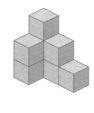

(   )

[5단원]
4 원주가 93 cm인 원입니다. 이 원의 지름은 몇 cm입니까? (원주율: 3.1) 2점

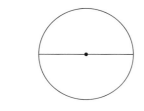

(지름)＝93÷ □ ＝ □ (cm)

[2단원]
5 빈 곳에 알맞은 수를 써넣으시오. 3점

55.2 ➡ ÷2.4 ➡ [ ]

[6단원]
6 다음은 원뿔의 무엇을 재는 그림입니까? 3점

(   )

[4단원]
7 비례식에서 □ 안에 알맞은 수를 구하시오. 3점

$5 : 7 = 15 : \square$

(   )

[4단원]
8 72를 주어진 비로 나누어 보시오. 3점

5 : 7

(   ), (   )

9 [3단원]
돌리거나 뒤집었을 때 ▌보기▌와 같은 모양인 것을 찾아 ○표 하시오. 3점

▌보기▌

 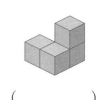

(   )   (   )

10 [5단원]
원의 넓이는 몇 cm²인지 구하시오. (원주율: 3.1) 3점

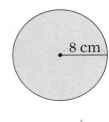
8 cm

(   )

11 [3단원]
쌓기나무 10개로 쌓은 모양입니다. 옆에서 본 모양을 그리시오. 3점

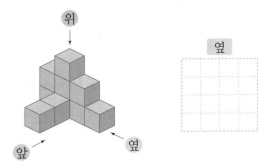
위
옆
앞   옆

12 [1단원]
세로가 $\frac{8}{15}$ m이고 넓이가 $\frac{16}{25}$ m²인 직사각형이 있습니다. 이 직사각형의 가로는 몇 m입니까? 3점

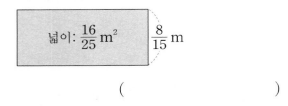
넓이: $\frac{16}{25}$ m² $\frac{8}{15}$ m

(   )

13 [1단원]
민수는 넓이가 $\frac{14}{15}$ m²인 수건을 만들었고, 혜미는 넓이가 $1\frac{1}{20}$ m²인 수건을 만들었습니다. 혜미가 만든 수건의 넓이는 민수가 만든 수건의 넓이의 몇 배입니까? 3점

(   )

14 [2단원]
상자 1개를 포장하는 데 끈 0.84 m가 필요합니다. 끈 47.88 m로는 상자를 몇 개 포장할 수 있습니까? 3점

식 _____

답 _____

15 [6단원]
원기둥, 원뿔, 구에 대한 설명 중 옳은 것을 찾아 기호를 쓰시오. 3점

> ㉠ 원기둥, 원뿔, 구는 어떤 방향에서 보아도 모양이 모두 원입니다.
> ㉡ 원뿔은 뾰족한 부분이 있지만 원기둥과 구는 뾰족한 부분이 없습니다.

(   )

16 [4단원]
9분 동안 42 L의 물이 나오는 수도가 있습니다. 이 수도로 350 L들이의 욕조에 물을 가득 채우려면 몇 분 동안 물을 받아야 합니까? (단, 물은 일정하게 나옵니다.) 3점

(   )

17 [5단원]　　　　　　　　　　　　　　　　서술형

지성이는 길이가 100 cm인 노끈을 사용하여 반지름이 13 cm인 원을 만들었습니다. 원을 만들고 남은 노끈의 길이는 몇 cm인지 풀이 과정을 쓰고 답을 구하시오.

(원주율: 3) 4점

풀이 _____

_____

_____

_____

답 _____

18 [3단원]

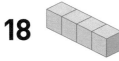 모양에 쌓기나무 1개를 더 붙여서 만들 수 있

는 모양은 모두 몇 가지입니까? (단, 모양을 뒤집거나 돌려서 같은 모양이 되는 것은 한 가지로 생각합니다.) 4점

(　　　　　　　)

19 [5단원]　　　　　　　　　　　　　　　　융합형

과녁 그림을 보고 9점을 얻을 수 있는 부분의 넓이는 몇 cm²인지 구하시오. (원주율: 3.1) 4점

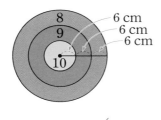

(　　　　　　　)

20 [1단원]

나영이가 자전거를 타고 일정한 빠르기로 $16\frac{7}{8}$ km를 가는 데 1시간 5분이 걸렸습니다. 한 시간 동안 자전거를 타고 간 거리는 몇 km입니까? 4점

(　　　　　　　)

21 [6단원]

오른쪽 원기둥은 직사각형의 세로를 기준으로 한 바퀴 돌려서 만든 입체도형입니다. 돌리기 전 직사각형의 넓이는 몇 cm²입니까? 4점

(　　　　　　　)

22 [1단원]　　　　　　　　　　　　　　　　문제 해결

┃조건┃을 만족하는 분수의 나눗셈식을 쓰시오. 4점

┃조건┃
• 4÷3을 이용하여 계산할 수 있습니다.
• 분모가 6보다 작은 진분수의 나눗셈입니다.
• 두 분수의 분모는 같습니다.

식 _____

23 [6단원]

옆면의 넓이가 376.8 cm²인 원기둥입니다. 이 원기둥의 높이는 몇 cm입니까? (원주율: 3.14) 4점

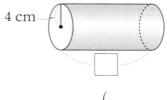

(　　　　　　　)

24 [5단원]

정사각형에서 색칠한 부분의 넓이는 몇 cm²입니까?

(원주율: 3.1) 4점

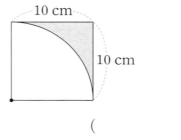

(　　　　　　　)

[2단원] 〔서술형〕

25 어떤 마라톤 선수가 일정한 빠르기로 42.195 km를 2시간 18분 동안 달렸습니다. 이 선수가 1시간 동안 달린 거리는 몇 km인지 반올림하여 소수 둘째 자리까지 나타내는 풀이 과정을 쓰고 답을 구하시오. 〔4점〕

풀이 _____

_____

_____

_____

답 _____

[2단원]

26 넓이가 16.34 cm²인 사다리꼴이 있습니다. 이 사다리꼴의 윗변의 길이는 몇 cm입니까? 〔4점〕

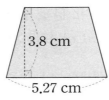

3.8 cm

5.27 cm

(   )

[1단원]

27 ■에 알맞은 수를 구하시오. 〔4점〕

$$6 \div \frac{4}{9} = \blacktriangle \qquad \blacksquare \times \blacktriangle = 4\frac{1}{2}$$

(   )

[2단원]

28 다음 4장의 수 카드를 한 번씩 모두 사용하여 몫이 가장 큰 (소수 한 자리 수)÷(소수 한 자리 수)의 나눗셈식을 만들었습니다. 만든 나눗셈식의 몫을 구하시오. 〔4점〕

| 6 | 4 | 9 | 2 |

(   )

[3단원]

29 쌓기나무로 쌓은 모양입니다. 쌓은 모양의 바닥에 닿는 면을 포함하여 바깥쪽 면에 모두 파란색을 칠했을 때 3개의 면이 파란색으로 칠해진 쌓기나무는 몇 개입니까? 〔4점〕

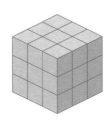 

위에서 본 모양

(   )

[4단원]

30 현지와 아라가 가지고 있는 구슬 수의 비는 2:3입니다. 아라가 현지에게 구슬 3개를 주었더니 현지와 아라가 가지고 있는 구슬 수의 비가 9:11이 되었습니다. 아라가 처음에 가지고 있던 구슬은 몇 개입니까? 〔4점〕

(   )

[6단원]
1 원기둥의 높이는 몇 cm입니까? 2점

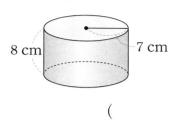

(   )

[4단원]
2 외항이 6과 8인 비례식을 모두 고르시오. 2점
(   )

① $6:3=8:4$ ② $6:16=3:8$
③ $3:4=6:8$ ④ $8:12=4:6$
⑤ $2:6=8:24$

[4단원]
3 간단한 자연수의 비로 나타내시오. 2점

$$3.6:2.5$$

(   )

[2단원]
4 $41.9÷7$의 몫을 일의 자리까지 구하려고 합니다. ㉠과 ㉡에 알맞은 수를 각각 구하시오. 2점

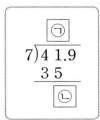

㉠ (   )
㉡ (   )

[1단원]
5 빈 곳에 알맞은 수를 써넣으시오. 3점

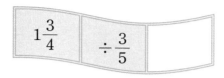

$1\dfrac{3}{4}$ $÷\dfrac{3}{5}$

[5단원]
6 다음 원의 원주는 몇 cm인지 구하시오. (원주율: 3.1) 3점

반지름이 8 cm인 원

(   )

[2단원]
7 잘못 계산한 곳을 찾아 바르게 계산하시오. 3점

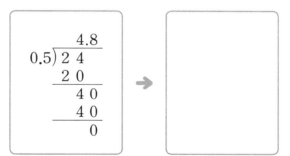

[3단원]
8 다음과 똑같은 모양을 만들기 위해 필요한 쌓기나무는 모두 몇 개인지 구하시오. 3점

위에서 본 모양

(   )

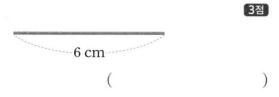

[5단원]

9 다음 털실의 길이를 반지름으로 하는 원을 만들었습니다. 만든 원의 넓이는 몇 cm²인지 구하시오. (원주율: 3.14) **3점**

— 6 cm —

(   )

[3단원]

10 쌓기나무로 쌓은 모양을 보고 위에서 본 모양에 수를 썼습니다. 앞에서 본 모양을 그리시오. **3점**

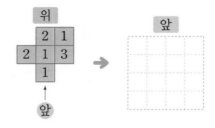

[1단원]

문제 해결

11 수직선을 보고 ㉠÷㉡의 계산 결과를 구하시오. **3점**

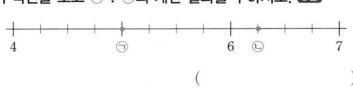

(   )

[2단원]

12 집에서 병원까지의 거리는 2.25 km이고 집에서 학교까지의 거리는 0.5 km입니다. 집에서 병원까지의 거리는 집에서 학교까지의 거리의 몇 배입니까? **3점**

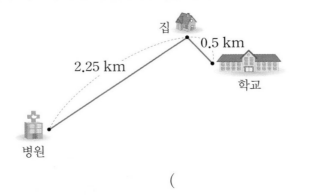

(   )

[6단원]

13 어떤 입체도형을 위, 앞, 옆에서 본 그림입니다. 이 입체도형의 이름은 무엇입니까? **3점**

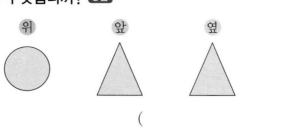

(   )

[3단원]

14 쌓기나무를 4개씩 붙여서 만든 두 가지 모양을 사용하여 만들 수 있는 모양을 찾아 기호를 쓰시오. **3점**

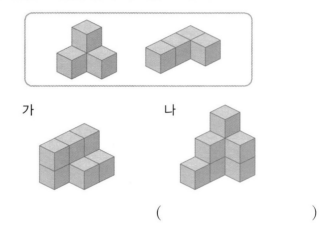

(   )

[2단원]

15 아버지의 몸무게는 74.5 kg이고, 현우의 몸무게는 45.8 kg 입니다. 아버지의 몸무게는 현우의 몸무게의 몇 배인지 반올림하여 소수 첫째 자리까지 나타내시오. **3점**

(   )

[4단원]

16 윤호와 지수는 같은 책을 1시간 동안 읽었는데 윤호는 전체의 $\frac{1}{3}$을, 지수는 전체의 $\frac{1}{4}$을 읽었습니다. 윤호와 지수가 각각 1시간 동안 읽은 책의 양을 간단한 자연수의 비로 나타내시오. **3점**

(   )

17 [4단원] 융합형

도현이네 가족 4명과 윤재네 가족 3명이 함께 여행을 다녀왔습니다. 여행 경비를 가족 수에 따라 나누어 내려고 합니다. 도현이네 가족은 얼마를 내야 합니까? **4점**

여행 경비는 숙박비, 입장료, 식사비, 기타로 총 1680000원이 들었어.

도현

( )

18 [3단원]

오른쪽 모양에 쌓기나무 1개를 더 붙여서 만들 수 있는 모양은 모두 몇 가지입니까? (단, 모양을 뒤집거나 돌려서 같은 모양이 되는 것은 한 가지로 생각합니다.) **4점**

( )

19 [4단원]

비례식에서 □ 안에 알맞은 수를 구하시오. **4점**

$$0.8 : 4 = (52 - \boxed{}) : 50$$

( )

20 [6단원] 융합형

진수는 미술 시간에 롤러에 물감을 묻혀 한 바퀴 굴렸습니다. 물감이 묻은 부분의 넓이는 몇 cm^2입니까?

(원주율: 3.1) **4점**

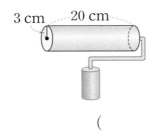

3 cm 20 cm

( )

21 [6단원] 서술형

밑면의 둘레가 24 cm인 원기둥입니다. 이 원기둥의 밑면의 반지름은 몇 cm인지 풀이 과정을 쓰고 답을 구하시오.

(원주율: 3) **4점**

풀이 _____

_____

_____

_____

답 _____

22 [1단원] 서술형

오른쪽 삼각형의 넓이는 $29\frac{1}{6}$ cm^2입니다. □ 안에 알맞은 수를 구하는 풀이 과정을 쓰고 답을 구하시오. **4점**

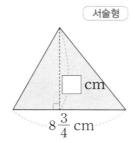

□ cm

$8\frac{3}{4}$ cm

풀이 _____

_____

_____

_____

답 _____

23 [1단원]

㉠에 알맞은 수를 구하시오. **4점**

$$㉠ \times \frac{3}{8} = 1\frac{2}{5} \div \frac{2}{3}$$

( )

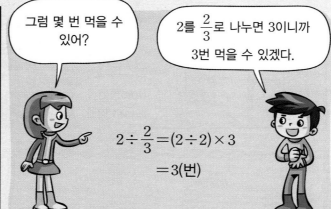

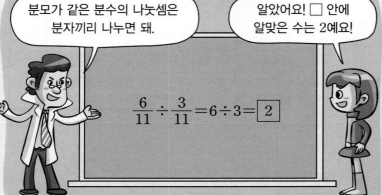

1. 분수의 나눗셈

1 분모가 같은 (분수)÷(분수) (1)

(1) 분모가 같은 (분수)÷(단위분수)

예 $\dfrac{4}{5} \div \dfrac{1}{5}$

$\dfrac{4}{5}$에는 $\dfrac{1}{5}$이 4번 들어갑니다. ➡ $\dfrac{4}{5} \div \dfrac{1}{5} = 4$

(2) 분자끼리 나누어떨어지는 (분수)÷(분수)

예 $\dfrac{4}{5} \div \dfrac{2}{5}$

$\dfrac{4}{5}$는 $\dfrac{1}{5}$이 4개, $\dfrac{2}{5}$는 $\dfrac{1}{5}$이 2개

➡ $\dfrac{4}{5} \div \dfrac{2}{5} = 4 \div 2 = $ ❶

2 분모가 같은 (분수)÷(분수) (2)

분자끼리 나누어떨어지지 않을 때에는 몫을 분수로 나타냅니다.

예 $\dfrac{7}{8} \div \dfrac{5}{8} = 7 \div 5 = \dfrac{7}{5} = 1\dfrac{2}{5}$

3 분모가 다른 분수의 나눗셈

(1) 분자끼리 나누어떨어지는 (분수)÷(분수)

예 $\dfrac{5}{6} \div \dfrac{5}{12} = \dfrac{10}{12} \div \dfrac{5}{12} = 10 \div 5 = $ ❷

(2) 분자끼리 나누어떨어지지 않는 (분수)÷(분수)

예 $\dfrac{7}{10} \div \dfrac{3}{5} = \dfrac{21}{30} \div \dfrac{18}{30} = 21 \div 18 = \dfrac{\overset{7}{\cancel{21}}}{\underset{6}{\cancel{18}}} = \dfrac{7}{6} = 1\dfrac{1}{6}$

4 (자연수)÷(분수)

예 $9 \div \dfrac{3}{4} = (9 \div 3) \times 4 = $ ❸

5 (분수)÷(분수)를 (분수)×(분수)로 나타내기

나눗셈을 곱셈으로 나타내고 나누는 분수의 분모와 분자를 바꾸어 줍니다.

예 $2 \div \dfrac{4}{5} = 2 \times \dfrac{5}{\underset{2}{\cancel{4}}} = \dfrac{5}{❹} = 2\dfrac{1}{2}$

6 (분수)÷(분수)

(1) (가분수)÷(분수)

예 $\dfrac{6}{5} \div \dfrac{3}{4} = \dfrac{6}{5} \times \dfrac{4}{\underset{1}{\cancel{3}}}^{2} = \dfrac{8}{5} = 1\dfrac{3}{5}$

(2) (대분수)÷(분수)

예 $1\dfrac{1}{6} \div \dfrac{3}{4} = \dfrac{7}{6} \div \dfrac{3}{4} = \dfrac{7}{\underset{3}{\cancel{6}}} \times \dfrac{\overset{2}{\cancel{4}}}{3} = \dfrac{14}{9} = 1\dfrac{}{9}$ ❺

정답: ❶ 2 ❷ 2 ❸ 12 ❹ 2 ❺ 5

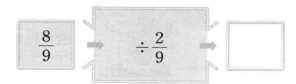

대표유형 ①

빈칸에 알맞은 수를 구하시오.

$\boxed{\dfrac{8}{9}} \Rightarrow \boxed{\div \dfrac{2}{9}} \Rightarrow \boxed{}$

풀이

$\dfrac{8}{9} \div \dfrac{2}{9} = \boxed{} \div \boxed{} = \boxed{}$

답 _____

대표유형 ②

㉠과 ㉡에 알맞은 수를 각각 구하시오.

$\dfrac{2}{3} \div \dfrac{2}{9} = \dfrac{\boxed{㉠}}{9} \div \dfrac{2}{9} = \boxed{㉠} \div 2 = \boxed{㉡}$

풀이

$\dfrac{2}{3} \div \dfrac{2}{9} = \dfrac{\boxed{}}{9} \div \dfrac{2}{9} = \boxed{} \div 2 = \boxed{}$

답 ㉠: _____ , ㉡: _____

대표유형 ③

자연수를 분수로 나눈 계산 결과를 구하시오.

$\boxed{4} \qquad \boxed{\dfrac{2}{3}}$

풀이

$4 \div \dfrac{2}{3} = (4 \div \boxed{}) \times 3 = \boxed{}$

답 _____

대표유형 ④

물 $1\dfrac{1}{4}$ L를 컵 한 개에 $\dfrac{5}{16}$ L씩 모두 담으려고 합니다. 필요한 컵은 몇 개입니까?

풀이

(필요한 컵의 수)

= (전체 물의 양) ÷ (컵 한 개에 담는 물의 양)

$= 1\dfrac{1}{4} \div \dfrac{5}{16} = \dfrac{\boxed{}}{4} \div \dfrac{5}{16} = \dfrac{5}{\underset{1}{\cancel{4}}} \times \dfrac{\overset{}{\cancel{16}}}{\underset{1}{\cancel{5}}} = \boxed{}$ (개)

답 _____

11 계산 결과를 찾아 선으로 이어 보시오.

$$\frac{7}{11} \div \frac{2}{11}$$ ·

$$\frac{9}{11} \div \frac{4}{11}$$ ·

· $3\frac{1}{4}$

· $2\frac{1}{4}$

· $3\frac{1}{2}$

12 $1\frac{3}{5} \div \frac{2}{7}$를 두 가지 방법으로 계산해 보시오.

방법 1

방법 2

13 그림에 알맞은 진분수끼리의 나눗셈식을 만들고 답을 구하시오.   추론

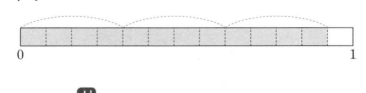

식 _____

답 _____

14 크기를 비교하여 ○ 안에 >, =, <를 알맞게 써넣으시오.

$40 \bigcirc 4\frac{1}{5} \div \frac{1}{10}$

15 쌀 $12\,\text{kg}$을 봉지 한 개에 $\frac{2}{3}\,\text{kg}$씩 모두 담으려고 합니다. 봉지는 몇 개 필요합니까?

식 _____

답 _____

16 $6 \div \frac{3}{10}$과 계산 결과가 같은 것을 찾아 기호를 쓰시오.

ㄱ $7 \div \frac{14}{15}$　　　ㄴ $8 \div \frac{2}{5}$

(　　　　　　　)

17 ♣에 알맞은 수를 구하시오.

$$3 \div ♣ = \frac{4}{5}$$

(　　　　　　　)

18 □ 안에 들어갈 수 있는 자연수를 모두 구하시오.

$$□ < \frac{11}{12} \div \frac{3}{8}$$

(　　　　　　　)

19 ㉮는 ㉯의 몇 배입니까?

㉮ $\dfrac{5}{6} \div \dfrac{5}{7}$　　　㉯ $\dfrac{2}{3}$

(　　　　　　　)

20 어느 삼각형의 밑변, 높이, 넓이를 나타낸 표입니다. 빈칸에 알맞은 수를 써넣으시오.   문제 해결

밑변(cm)	높이(cm)	넓이(cm^2)
$2\frac{1}{2}$		$6\frac{3}{4}$

1 소수의 나눗셈을 자연수의 나눗셈을 이용하여 계산하려고 합니다. □ 안에 알맞은 수를 써넣으시오.

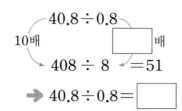

$$40.8 \div 0.8$$

10배 ⟍ □ 배
$$408 \div 8 = 51$$

➡ $40.8 \div 0.8 = $ □

2 □ 안에 알맞은 수를 써넣으시오.

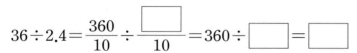

$$36 \div 2.4 = \frac{360}{10} \div \frac{\boxed{}}{10} = 360 \div \boxed{} = \boxed{}$$

[3~4] 계산해 보시오.

3

$0.8\,)\overline{5.6}$

4

$1.9\,)\overline{5.1\,3}$

5 ▮보기▮와 같이 계산해 보시오.

▮ 보기 ▮
$$17 \div 4.25 = \frac{1700}{100} \div \frac{425}{100} = 1700 \div 425 = 4$$

$158 \div 3.16 = $ _____

6 빈칸에 알맞은 수를 써넣으시오.

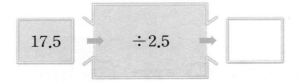

| 17.5 | ➡ | ÷2.5 | ➡ | |

7 큰 수를 작은 수로 나눈 계산 결과를 구하시오.

| 0.9 | 315 |

(   )

8 계산해 보시오.

$48 \div 6$

$48 \div 0.6$

$48 \div 0.06$

9 바르게 계산한 것을 찾아 기호를 쓰시오.

㉠ $17.28 \div 3.2 = 54$ ㉡ $36 \div 4.5 = 8$

(   )

10 몫을 반올림하여 소수 첫째 자리까지 나타내시오.

| $12.5 \div 3$ |

(   )

11 모래 15.3 kg을 상자 한 개에 0.9 kg씩 모두 담으려고 합니다. 필요한 상자는 몇 개인지 구하시오.

식 _____

답 _____

3. 공간과 입체

1 어느 방향에서 보았는지 알아보기
책상의 사진을 ㉠ 방향에서 찍었을 때의 모습 알아보기

2 위에서 본 모양을 보고 쌓기나무의 개수 구하기
(예)

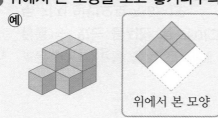

위에서 본 모양

→ 똑같은 모양으로 쌓는 데 필요한 쌓기나무: ❶ 개

3 위, 앞, 옆에서 본 모양을 보고 쌓기나무의 개수 구하기
(예)

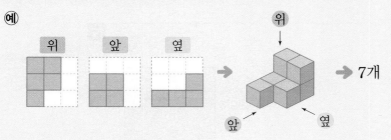

→ 7개

4 위에서 본 모양에 수를 써넣어 쌓기나무의 개수 구하기

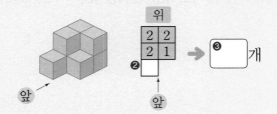

→ ❸ 개

5 층별로 나타낸 모양을 보고 쌓기나무의 개수 구하기
1층의 모양은 위에서 본 모양과 같습니다.

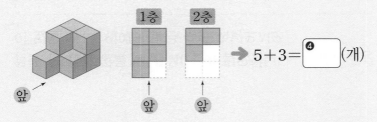

→ 5+3= ❹ (개)

6 여러 가지 모양 만들기
(예)

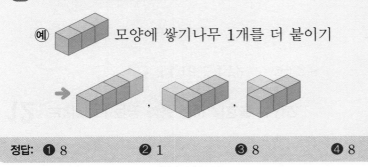

모양에 쌓기나무 1개를 더 붙이기

→

정답: ❶ 8   ❷ 1   ❸ 8   ❹ 8

대표유형 ❶

주어진 모양과 똑같이 쌓는 데 필요한 쌓기나무는 몇 개입니까?

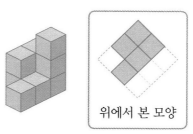

위에서 본 모양

풀이

1층에 5개, 2층에 □개, 3층에 □개이므로 필요한 쌓기나무는 □개입니다.

답 _____

대표유형 ❷

쌓기나무로 쌓은 모양을 보고 위에서 본 모양을 그린 것입니다. 앞과 옆에서 본 모양을 각각 그려 보시오.

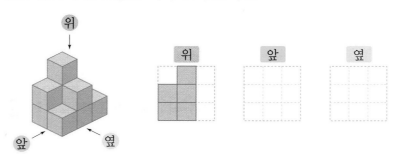

풀이

앞과 옆에서 본 모양은 각 방향에서 보았을 때 각 줄의 가장 (높은 , 낮은) 층의 모양과 같게 그립니다.

대표유형 ❸

오른쪽 모양에 쌓기나무 1개를 더 붙여서 만든 모양을 모두 찾아 기호를 쓰시오.

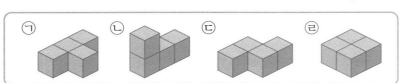

풀이

주어진 모양의 1층에 쌓기나무 1개를 더 붙여서 만든 모양은 □이고, 주어진 모양의 2층에 쌓기나무 1개를 더 붙여서 만든 모양은 □입니다.

답 _____

[11~12] 가와 나는 각각 쌓기나무 8개로 쌓은 모양입니다. 물음에 답하시오.

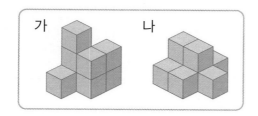

11 1층에 쌓인 쌓기나무는 각각 몇 개인지 쓰시오.

가 (   ), 나 (   )

12 2층 모양이 오른쪽과 같은 것을 찾아 기호를 쓰시오.

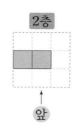

(   )

13 오른쪽과 같이 쌓기나무를 쌓은 모양을 보고 1층 모양을 그린 것입니다. 2층과 3층 모양을 각각 그리고, 똑같은 모양으로 쌓는 데 필요한 쌓기나무는 몇 개인지 구하시오.

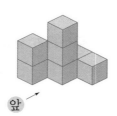

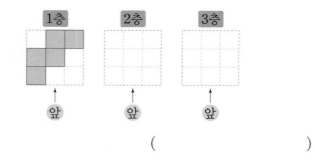

(   )

14 쌓기나무를 4개씩 붙여서 만든 두 가지 모양을 사용하여 오른쪽 모양을 만들었습니다. 어떻게 만들었는지 2가지 색으로 구분하여 색칠하시오.

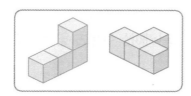

추론

15 쌓기나무로 쌓은 모양을 위, 앞, 옆에서 본 모양입니다. 쌓기나무 모양은 어느 것인지 ◯표 하시오.

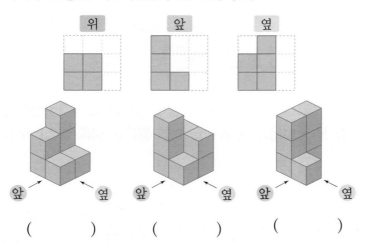

(   )   (   )   (   )

16 오른쪽 모양과 똑같이 쌓으려고 합니다. 필요한 쌓기나무가 가장 적을 때는 몇 개인지 구하시오.

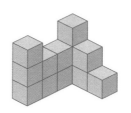

(   )

17 쌓기나무로 1층 위에 2층을 쌓으려고 합니다. 1층 모양을 보고 2층으로 쌓을 수 있는 모양을 찾아 기호를 쓰시오.

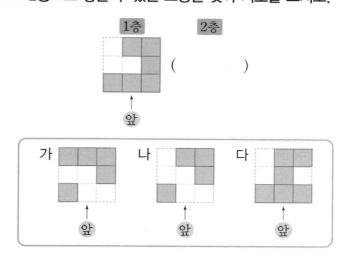

(   )

18 쌓기나무 7개로 쌓은 모양을 위와 앞에서 본 모양입니다. 옆에서 본 모양을 그려 보시오.

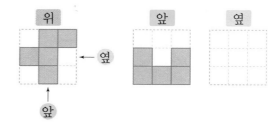

문제 해결

19 쌓기나무 7개로 쌓은 모양을 위, 앞, 옆에서 본 모양입니다. 가능한 모양을 찾아 기호를 쓰시오.

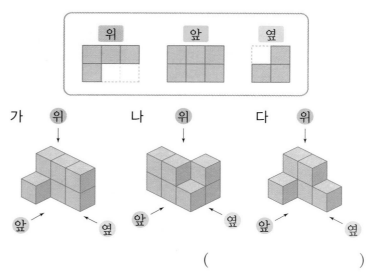

(   )

추론

20 민서가 만들 수 있는 서로 다른 모양은 모두 몇 가지입니까?

쌓기나무 3개로 모양을 만들거야. 민서

(   )

9 [3단원] 주어진 모양과 똑같이 쌓는 데 필요한 쌓기나무는 몇 개인지 구하시오. 3점

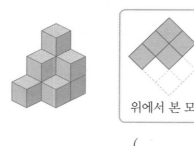

위에서 본 모양

(   )

10 [2단원] 우유 1.5 L를 컵 한 개에 0.3 L씩 담으려고 합니다. 필요한 컵은 적어도 몇 개입니까? 3점

식 _____

답 _____

11 [3단원] 쌓기나무 9개로 쌓은 모양입니다. 앞에서 본 모양을 그려 보시오. 3점

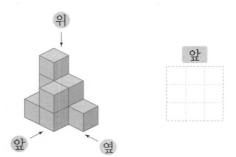

위

앞   옆

앞

12 [2단원] 빵 1개를 만드는 데 설탕이 4.5 g 필요합니다. 설탕 27 g으로 만들 수 있는 빵은 몇 개입니까? 3점

식 _____

답 _____

13 [2단원] 몫을 반올림하여 소수 둘째 자리까지 구하시오. 3점

$$3)\overline{5.2}$$

(   )

14 [1단원] 크기를 비교하여 더 큰 것을 찾아 기호를 쓰시오. 3점

⊙ $\dfrac{3}{4} \div \dfrac{3}{8}$ ⓒ $2\dfrac{1}{2}$

(   )

15 [3단원] 쌓기나무 8개로 쌓은 모양입니다. 1층, 2층, 3층 모양을 각각 그려 보시오. 3점

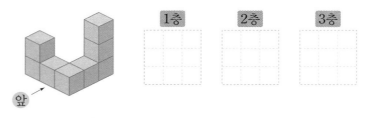

1층   2층   3층

앞

16 [2단원] 서술형
284÷2=142를 이용하여 ⊙에 알맞은 수를 구하려고 합니다. 풀이 과정을 쓰고 답을 구하시오. 3점

$$2.84 \div 0.02 = \boxed{⊙}$$

방법 _____

_____

_____

답 _____

[3단원]

25 쌓기나무 5개로 만든 모양입니다. 서로 같은 모양끼리 선으로 이어 보시오. **4점**

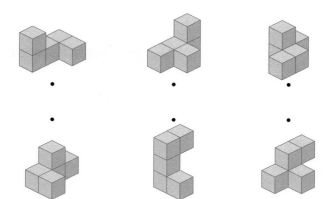

[2단원] (융합형)

26 어느 지역의 환경 뉴스입니다. 어미 수달의 무게는 새끼 수달의 무게의 몇 배인지 구하시오. **4점**

환경 뉴스 2019년 11월 5일

지난달 하천에서 무게가 4.06 kg인 수달이 발견되었습니다. 오늘 이 수달은 무게가 580 g인 새끼 수달을 출산했습니다.

(   )

[1단원]

27 은정이는 우유를 사서 전체의 $\frac{3}{4}$을 마셨더니 $\frac{3}{5}$ L가 남았습니다. 은정이가 산 우유는 몇 L입니까? **4점**

(   )

[1단원]

28 밑변의 길이가 $8\frac{1}{2}$ cm라고 할 때 넓이가 $18\frac{7}{10}$ cm²인 삼각형입니다. 삼각형의 높이는 몇 cm입니까? **4점**

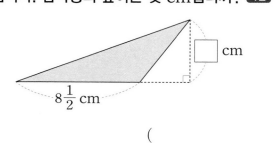

(   )

[2단원] (서술형)

29 어떤 수를 4.3으로 나누어야 할 것을 잘못하여 3.4를 곱했더니 217.6이 되었습니다. 바르게 계산했을 때의 몫을 반올림하여 소수 첫째 자리까지 구하려고 합니다. 풀이 과정을 쓰고 답을 구하시오. **4점**

방법 _____

_____

_____

_____

답 _____

[3단원]

30 다음과 같이 쌓기나무로 쌓은 모양에 몇 개를 더 쌓아 정육면체 모양을 만들려고 합니다. 쌓기나무는 적어도 몇 개 더 필요한지 구하시오. **4점**

위에서 본 모양

(   )

9 [3단원] 오른쪽은 쌓기나무로 쌓은 모양을 보고 위에서 본 모양에 수를 쓴 것입니다. 쌓기나무로 쌓은 모양을 옆에서 본 모양에 ○표 하시오. 3점

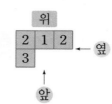

위

2	1	2
3		

← 옆

↑ 앞

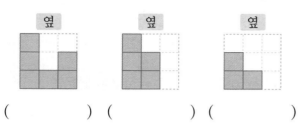

(   ) (   ) (   )

10 [2단원] 몫을 잘못 구한 것을 찾아 기호를 쓰고, 그 몫을 바르게 구하시오. 3점

ㄱ $8.64 \div 3.6 = 2.4$ ㄴ $5.13 \div 2.7 = 19$

몫을 잘못 구한 것 (   )

몫을 바르게 구하기 (   )

11 [1단원] 물뿌리개에 물이 $3 L$ 들어 있습니다. 이 물뿌리개로 화분 한 개에 물을 $\frac{1}{5} L$씩 준다면 화분 몇 개까지 물을 줄 수 있습니까? 3점

식 _____

답 _____

12 [2단원] $2.24 \div 0.16$과 몫이 같은 나눗셈식은 어느 것입니까? 3점

(   )

① $224 \div 1.6$ ② $22.4 \div 16$

③ $224 \div 16$ ④ $224 \div 0.16$

⑤ $2.24 \div 1.6$

13 [1단원] 크기를 비교하여 ○ 안에 >, =, <를 알맞게 써넣으시오. 3점

$$\frac{4}{7} \;\bigcirc\; \frac{2}{3} \div \frac{14}{15}$$

14 [2단원] 철사 151.2 cm를 한 사람에게 18 cm씩 나누어 주려고 합니다. 잘못 계산한 곳을 찾아 바르게 계산하고, □ 안에 알맞은 수를 써넣으시오. 3점

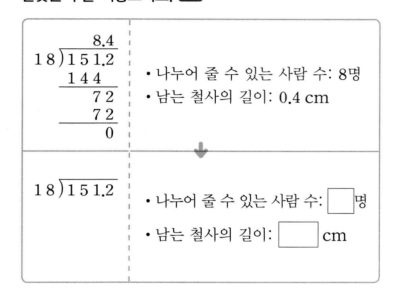

$$18) \overline{151.2}$$
$$\quad\;\; 144$$
$$\quad\;\;\;\; 72$$
$$\quad\;\;\;\; 72$$
$$\quad\;\;\;\;\;\; 0$$

• 나누어 줄 수 있는 사람 수: 8명

• 남는 철사의 길이: 0.4 cm

↓

$$18) \overline{151.2}$$

• 나누어 줄 수 있는 사람 수: □ 명

• 남는 철사의 길이: □ cm

15 [1단원] 가장 큰 수를 가장 작은 수로 나눈 계산 결과를 구하시오. 3점

$$\frac{11}{9} \qquad 4\frac{2}{3} \qquad \frac{7}{9}$$

(   )

16 [1단원] 걷기 대회에서 미나는 $\frac{9}{13}$ km, 대규는 $\frac{8}{13}$ km를 걸었습니다. 미나가 걸은 거리는 대규가 걸은 거리의 몇 배입니까? 3점

식 _____

답 _____

[3단원]

25 쌓기나무 9개로 쌓은 모양입니다. 옆에서 본 모양이 <u>다른</u> 하나를 찾아 기호를 쓰시오. 4점

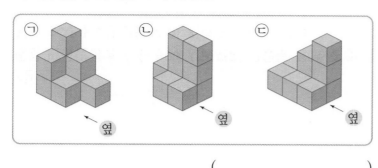

( )

[2단원]

26 한 자루에 20.2 kg씩 들어 있는 보리가 6자루 있습니다. 이 보리를 한 봉지에 7 kg씩 담아 팔려고 합니다. 팔 수 있는 보리는 몇 봉지이고, 남는 보리는 몇 kg인지 차례로 구하시오. 4점

( ), ( )

[3단원]

27 쌓기나무로 쌓은 모양을 층별로 나타낸 모양입니다. 앞에서 본 모양을 그리고, 똑같은 모양으로 쌓는 데 필요한 쌓기나무는 몇 개인지 구해 보시오. 4점

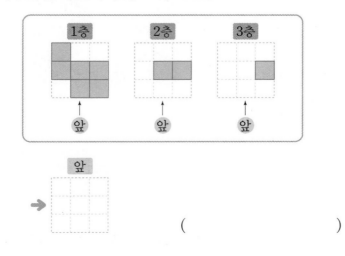

( )

[3단원]

28 오른쪽 쌓기나무 모양은 ▌보기▌의 모양 중에서 두 가지를 사용하여 만든 새로운 모양입니다. 사용한 두 가지 모양을 찾아 기호를 쓰시오. 4점

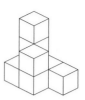

▌보기▌

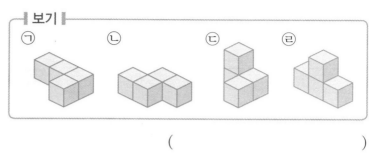

( )

[1단원] 서술형

29 넓이가 3 m^2인 직사각형입니다. 이 직사각형의 가로와 세로의 길이의 차는 몇 m인지 풀이 과정을 쓰고 답을 구하시오. 4점

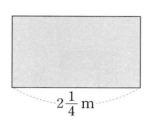

$2\frac{1}{4}$ m

풀이 _____

_____

_____

_____

답 _____

[3단원]

30 쌓기나무로 쌓은 모양을 위, 앞, 옆에서 본 모양입니다. 쌓기나무를 될 수 있는 대로 많이 사용하여 똑같은 모양을 만들려고 합니다. 필요한 쌓기나무는 몇 개입니까? 4점

( )

쳇. 박사님은 안 찾으시면서!

우리한테만 찾으라서.

곧 있으면 내 생일이라 생일 파티 준비도 해야 하는데~ 히잉.

아~ 생일 파티를 위해 접시를 준비했던 거였구나.

원 모양의 접시를 준비했다구.

근데…… 원의 둘레가 원주 맞지?

원주

응, 그리고 원의 지름에 대한 원주의 비율을 원주율이라고 해.

〈원주율〉

(원주율)＝(원주)÷(지름)

(원주율: 3, 3.1, 3.14 등)

앗! 저기!!

율도국

아수라님을 찾으러 왔나?

헉…… 다리가 4개야!

푸하하. 너희들은 다리가 2개밖에 없구나. 신기하다!

너가 더 신기하거든?

자, 내가 선물로 원반을 준비했다. 원반의 넓이를 구하면 아수라가 있는 곳을 알려주지.

4 cm

(원반의 넓이)
＝(반지름)×(반지름)×(원주율)
＝4×4×3.14
＝50.24 (cm²)

(원주율: 3.14)

원의 넓이는 50.24 cm²야.

빨리 아수라가 있는 곳을 알려줘.

후훗, 그걸 말해줄 것 같나?

경비병, 폭탄 안 나르고 뭐하냐?

앗!!

아수라, 거기 서라.

왜 하필 지금 나오세요?

야! 일단 튀어!!

▶정답은 9쪽

4. 비례식과 비례배분

1 비의 성질 알아보기
- 비 2 : 3에서 기호 ' : ' 앞에 있는 2를 **전항**, 뒤에 있는 3을 **후항**이라고 합니다.
- 비의 전항과 후항에 0이 아닌 같은 수를 곱하여도 비율은 같습니다.

예 $3 : 4 \rightarrow 6 : 8$ ($\times 2$)

┌ 3 : 4의 비율 $\rightarrow \dfrac{3}{4}$ ─ 같음

└ 6 : 8의 비율 $\rightarrow \dfrac{6}{8}\left(=\dfrac{3}{4}\right)$

- 비의 전항과 후항을 0이 아닌 같은 수로 나누어도 비율은 같습니다.

예 $4 : 8 \rightarrow 1 : 2$ ($\div 4$)

┌ 4 : 8의 비율 $\rightarrow \dfrac{4}{8}\left(=\dfrac{1}{\boxed{\textbf{❶}}}\right)$

└ 1 : 2의 비율 $\rightarrow \dfrac{1}{2}$ ─ 같음

2 간단한 자연수의 비로 나타내기
- 비의 성질을 이용합니다.

예 $0.3 : 0.7 \rightarrow (0.3 \times 10) : (0.7 \times 10) \rightarrow 3 : 7$

$\dfrac{1}{3} : \dfrac{1}{5} \rightarrow \left(\dfrac{1}{3} \times 15\right) : \left(\dfrac{1}{5} \times \boxed{\textbf{❷}}\right) \rightarrow 5 : 3$

두 분모의 공배수

$20 : 50 \rightarrow (20 \div 10) : (50 \div 10) \rightarrow 2 : \boxed{\textbf{❸}}$

두 수의 공약수

3 비례식 알아보기
- **비례식**: 비율이 같은 두 비를 기호 '='를 사용하여 2 : 3 = 4 : 6과 같이 나타낸 식

외항 → 바깥쪽에 있는 두 항

$2 : 3 = 4 : 6$

내항 → 안쪽에 있는 두 항

4 비례식의 성질 알아보기

$2 : 3 = 4 : 6$

┌ 외항의 곱: $2 \times 6 = \boxed{12}$

└ 내항의 곱: $3 \times 4 = \boxed{12}$ ─ 같음.

➡ 비례식에서 외항의 곱과 내항의 곱은

$\boxed{\textbf{❹}}$.

5 비례배분하기
- **비례배분**: 전체를 주어진 비로 배분하는 것

예 16을 1 : 3 으로 나누기

┌ $16 \times \dfrac{1}{1+3} = 16 \times \dfrac{1}{4} = 4$

└ $16 \times \dfrac{3}{1+3} = 16 \times \dfrac{3}{4} = \boxed{\textbf{❺}}$

대표유형 ❶

비의 성질을 이용하여 비율이 같은 비를 만들려고 합니다. ㉠에 알맞은 수를 구하시오.

$$24 : 18 \rightarrow \boxed{㉠} : 9$$

풀이

$24 : 18 \rightarrow (24 \div \boxed{}) : (18 \div 2)$

$\rightarrow \boxed{} : 9$

$㉠ = \boxed{}$

답 _____

대표유형 ❷

간단한 자연수의 비로 나타내시오.

$$6 : 15$$

풀이

$(6 \div 3) : (15 \div \boxed{}) \rightarrow 2 : \boxed{}$

답 _____

대표유형 ❸

비례식에서 ●에 알맞은 수를 구하시오.

$$5 : 9 = ● : 36$$

풀이

비례식에서 외항의 곱과 내항의 곱은 같으므로

$5 \times \boxed{} = 9 \times ●$ 입니다.

$\rightarrow 9 \times ● = \boxed{}$, $● = \boxed{}$

답 _____

대표유형 ❹

어머니께서 쿠키 20개를 형과 동생에게 3 : 2로 나누어 주셨습니다. 형이 받은 쿠키는 몇 개입니까?

풀이

(형이 받은 쿠키의 수)

$= 20 \times \dfrac{\boxed{}}{3+2} = 20 \times \dfrac{\boxed{}}{5} = \boxed{}$ (개)

답 _____

11 비례식을 찾아 기호를 쓰시오.

> ㉠ $3 \times 9 = 27$　　　㉡ $4 : 5 = 5 : 4$
> ㉢ $2 : 8 = 1 : 4$　　　㉣ $15 + 20 = 35$

(　　　　　　　)

12 교내 합창대회에 참가한 학생은 35명이고 참가한 남학생 수와 여학생 수의 비는 $2 : 5$입니다. 교내 합창대회에 참가한 여학생은 몇 명입니까?

(　　　　　　　)

13 추론

가로와 세로의 비가 $5 : 2$인 직사각형을 찾아 기호를 쓰시오.

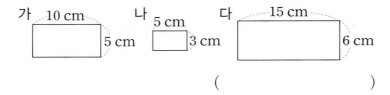

(　　　　　　　)

14 넓이가 $108 \ cm^2$인 직사각형 모양의 종이가 있습니다. 이 종이를 넓이가 $5 : 4$가 되도록 둘로 나누었을 때 더 넓은 종이의 넓이는 몇 cm^2입니까?

(　　　　　　　)

15 지구에서 몸무게가 $72 \ kg$인 사람이 달에 가서 몸무게를 재면 $12 \ kg$이 됩니다. 몸무게가 $108 \ kg$인 윤수의 삼촌이 달에 가서 몸무게를 재면 몇 kg이 되는지 구하려고 합니다. 윤수의 삼촌이 달에서 잰 몸무게를 $\square \ kg$이라 하여 비례식을 세우고 답을 구하시오.

식 _____

답 _____

16 비례식입니다. □ 안에 들어갈 수가 더 작은 것의 기호를 쓰시오.

> ㉠ $1\frac{3}{4} : 2\frac{1}{3} = \square : 4$　　　㉡ $2.1 : \square = 7 : 12$

(　　　　　　　)

17 ㉠과 ㉡의 비를 간단한 자연수의 비로 나타내시오.

$$㉠ \times \frac{3}{5} = ㉡ \times 1.3$$

(　　　　　　　)

18 창의·융합

수 카드 중에서 4장을 골라 비례식을 세우시오.

> 8　1　6　2　3　5

(　　　　　　　)

19 조건에 맞게 비례식을 완성하시오.

> ┃조건┃
> • 비율은 $\frac{3}{5}$입니다.
> • 내항의 곱은 225입니다.

$9 : \square = \square : \square$

20 오른쪽 삼각형에서 ㉠과 ㉡의 길이의 비가 $2\frac{1}{2} : 4$입니다. ㉡의 길이가 $32 \ cm$일 때 삼각형의 넓이는 몇 cm^2입니까?

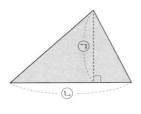

(　　　　　　　)

▶정답은 11쪽

1 □ 안에 알맞은 말을 써넣으시오.

(원주율)=(   )÷(지름)

2 지름을 구하는 방법으로 옳은 것에 ○표 하시오.

(원주)×(원주율)   (원주)÷(원주율)

(   )   (   )

3 원주를 구하려고 합니다. □ 안에 알맞은 수를 써넣으시오.
(원주율: 3.1)

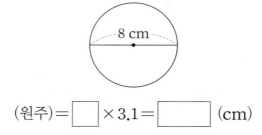

8 cm

(원주)=□×3.1=□ (cm)

4 설명이 옳으면 ○표, 틀리면 ×표 하시오.

원주가 2배가 되면 원주율도 2배가 됩니다.

(   )

5 원의 넓이를 구하려고 합니다. □ 안에 알맞은 수를 써넣으시오. (원주율: 3)

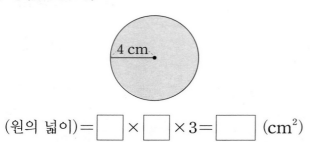

4 cm

(원의 넓이)=□×□×3=□ (cm²)

6 원주는 몇 cm입니까? (원주율: 3.1)

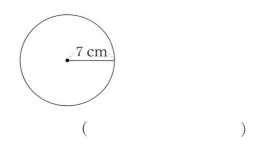

7 cm

(   )

7 오른쪽 원의 원주가 18 cm입니다. 원의 지름은 몇 cm입니까? (원주율: 3)

지름

식 _____

답 _____

8 원 모양 종이의 원주와 지름을 재어 보았습니다. 원주율을 반올림하여 주어진 자리까지 나타내시오.

원주: 53.4 cm
지름: 17 cm

소수 첫째 자리까지 (   )
소수 둘째 자리까지 (   )

9 원의 넓이는 몇 cm²입니까? (원주율: 3.14)

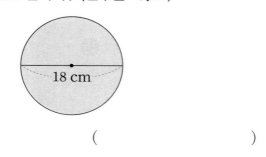

18 cm

(   )

10 다음은 바퀴를 1바퀴 굴린 것입니다. 바퀴가 굴러간 길이는 몇 cm입니까? (원주율: 3.14)

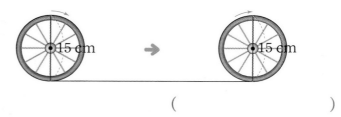

15 cm   ➡   15 cm

(   )

▶정답은 12쪽

6. 원기둥, 원뿔, 구

1 원기둥 알아보기

• **원기둥**: 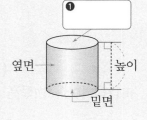 등과 같은 입체도형

- **밑면**: 서로 평행하고 합동인 두 면
- **옆면**: 두 밑면과 만나는 면
- **높이**: 두 밑면에 수직인 선분의 길이

❶ ⬜

옆면   높이   밑면

2 원기둥의 전개도 알아보기

• 원기둥의 **전개도**: 원기둥을 잘라서 펼쳐 놓은 그림
• 원기둥의 전개도에서 밑면은 ❷ ⬜ 모양이고 옆면은 직사각형 모양입니다.

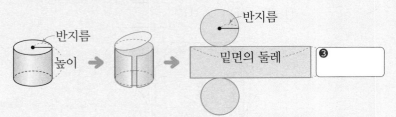

반지름

반지름 / 높이 → → 밑면의 둘레 ❸ ⬜

3 원뿔 알아보기

• **원뿔**: 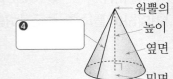 등과 같은 입체도형

- **밑면**: 평평한 면
- **옆면**: 옆을 둘러싼 굽은 면
- **원뿔의 꼭짓점**: 뾰족한 부분의 점
- **모선**: 원뿔의 꼭짓점과 밑면인 원의 둘레의 한 점을 이은 선분
- **높이**: 원뿔의 꼭짓점에서 밑면에 수직인 선분의 길이

❹ ⬜

원뿔의 꼭짓점 / 높이 / 옆면 / 밑면

4 구 알아보기

• **구**: 등과 같은 입체도형

- **구의 중심**: 구에서 가장 안쪽에 있는 점
- **구의 반지름**: 구의 중심에서 구의 겉면의 한 점을 이은 선분

구의 중심   구의 반지름

5 여러 가지 모양 만들기

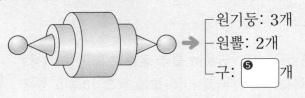

→ 원기둥: 3개
   원뿔: 2개
   구: ❺ ⬜ 개

정답: ❶ 밑면   ❷ 원   ❸ 높이   ❹ 모선   ❺ 2

대표유형 ❶

다음에서 원기둥은 모두 몇 개입니까?

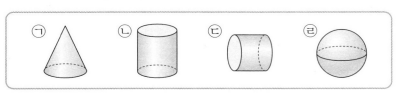

ㄱ   ㄴ   ㄷ   ㄹ

풀이

원기둥을 찾아 기호를 쓰면 ⬜ 과 ⬜ 입니다.

따라서 원기둥은 모두 ⬜ 개입니다.

답 _____

대표유형 ❷

원기둥의 전개도에서 직사각형의 넓이는 몇 cm²인지 구하시오.
(원주율: 3)

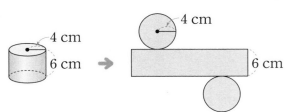

4 cm / 6 cm → 4 cm / 6 cm

풀이

(직사각형의 가로)=(밑면의 원주)=4×⬜×3

   =⬜ (cm)

(직사각형의 세로)=(원기둥의 높이)=⬜ cm

➡ (직사각형의 넓이)=(가로)×(세로)

   =⬜×⬜=⬜ (cm²)

답 _____

대표유형 ❸

원뿔을 보고 모선의 길이와 높이는 각각 몇 cm인지 차례로 쓰시오.

12 cm   13 cm   10 cm

풀이

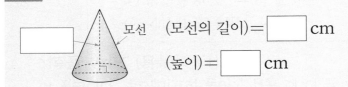

모선   (모선의 길이)=⬜ cm

(높이)=⬜ cm

답 _____

11 원기둥과 원뿔 중에서 어느 도형의 높이가 몇 cm 더 높은지 차례로 쓰시오.

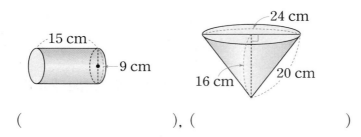

(   ), (   )

12 지름을 기준으로 반원 모양의 종이를 돌려서 만든 입체도형입니다. 반원의 반지름은 몇 cm입니까?

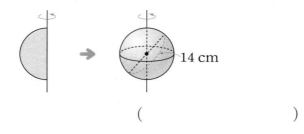

(   )

13 변 ㄱㄷ을 기준으로 삼각형 모양의 종이를 돌려서 원뿔을 만들었습니다. 원뿔의 모선의 길이와 밑면의 지름은 각각 몇 cm입니까?

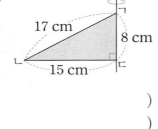

모선의 길이 (   )

밑면의 지름 (   )

14 다음 설명을 모두 만족하는 입체도형은 원기둥, 원뿔, 구 중에서 어느 것입니까?

> • 뾰족한 부분이 없습니다.
> • 평평한 면이 없습니다.
> • 어느 방향에서 보아도 모두 원 모양입니다.

(   )

추론

15 원기둥의 전개도를 완성하고 밑면의 반지름, 옆면의 가로와 세로의 길이를 각각 나타내시오. (원주율: 3)

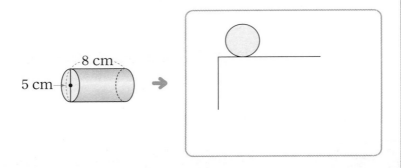

추론

16 원기둥의 전개도입니다. 원기둥의 밑면의 반지름은 몇 cm입니까? (원주율: 3.14)

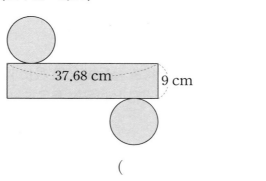

(   )

17 원뿔과 각뿔의 공통점을 바르게 설명한 사람을 찾아 이름을 쓰시오.

> 영민: 둘 다 굽은 면이 있어.
> 세준: 둘 다 밑면이 1개야.
> 성재: 둘 다 밑면의 모양이 원이야.

(   )

18 한 변을 기준으로 직사각형 모양의 종이를 돌려 만든 입체도형의 한 밑면의 넓이는 몇 cm²입니까? (원주율: 3.1)

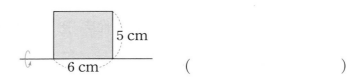

(   )

19 오른쪽 원기둥을 앞에서 본 모양의 둘레는 몇 cm입니까?

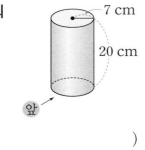

(   )

문제 해결

20 다음 원기둥 모양의 음료수 캔을 한 바퀴 굴렸더니 음료수 캔이 지나간 부분이 넓이가 113.04 cm²인 직사각형 모양입니다. 음료수 캔의 밑면의 지름은 몇 cm입니까?

(원주율: 3.14)

(   )

9 [6단원]
원뿔에서 개수를 바르게 쓴 것을 찾아 기호를 쓰시오. 3점

> ㉠ 원뿔의 밑면: 2개
> ㉡ 원뿔의 모선: 2개
> ㉢ 원뿔의 꼭짓점: 1개

( )

10 [5단원]
원의 넓이는 몇 cm²입니까? (원주율: 3.14) 3점

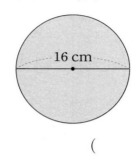
16 cm

( )

11 [5단원]
지름이 ㉠ cm인 원의 원주가 다음과 같습니다. ㉠에 알맞은 수를 구하시오. (원주율: 3.14) 3점

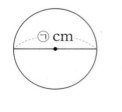
㉠ cm

원주: 25.12 cm

( )

12 [6단원] 서술형
다음이 원기둥의 전개도가 <u>아닌</u> 이유를 쓰시오. 3점

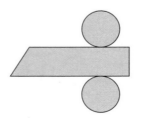

이유 _____

_____

_____

13 [5단원]
통조림 캔의 뚜껑이 원 모양입니다. 이 뚜껑의 지름이 12 cm라면 넓이는 몇 cm²입니까? (원주율: 3) 3점

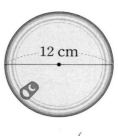
12 cm

( )

14 [6단원]
구에 대해 바르게 설명한 것을 모두 찾아 기호를 쓰시오. 3점

> ㉠ 구의 중심은 1개입니다.
> ㉡ 구를 위에서 보면 삼각형 모양입니다.
> ㉢ 구를 앞에서 보면 원 모양입니다.

( )

15 [6단원]
원기둥의 전개도입니다. 직사각형의 가로의 길이는 몇 cm입니까? (원주율: 3) 3점

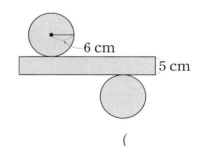
6 cm
5 cm

( )

16 [4단원]
승현이는 영화관에서 3D 만화영화를 관람하려고 합니다. 다음을 보고 36000원으로는 3D 만화영화를 몇 명까지 관람할 수 있는지 구하시오. 3점

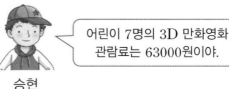
어린이 7명의 3D 만화영화 관람료는 63000원이야.
승현

( )

[4단원]

25 $\dfrac{3}{5}$: $\dfrac{★}{7}$ 을 간단한 자연수의 비로 나타내면 21 : 20입니다. ★에 알맞은 수를 구하시오. 4점

(   )

[6단원]

26 한 변을 기준으로 직각삼각형 모양의 종이를 돌려 만든 입체도형입니다. 돌리기 전 종이의 넓이는 몇 cm^2입니까? 4점

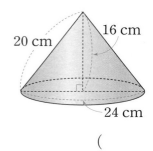

(   )

[5단원]

27 다음 정사각형에서 색칠한 부분의 넓이는 몇 cm^2입니까? (원주율: 3) 4점

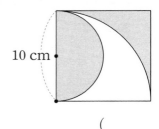

(   )

[6단원]

28 그림과 같은 원기둥 모양의 롤러에 페인트를 묻혀 종이에 2바퀴 굴렸습니다. 종이에 페인트가 칠해진 부분의 넓이는 몇 cm^2입니까? (원주율: 3.14) 4점

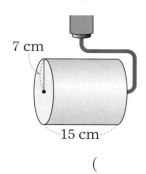

(   )

[4단원]

29 정사각형 ㉮와 ㉯의 한 변의 길이의 비는 2 : 5입니다. ㉯의 넓이가 1025 cm^2일 때 ㉮의 넓이는 몇 cm^2입니까? 4점

(   )

[5단원]   융합형

30 준호는 해머던지기 연습을 하고 있습니다. 왼쪽 그림과 같이 해머가 움직이면서 작은 원과 큰 원을 그렸습니다. 큰 원의 원주가 744 cm라고 할 때 작은 원의 반지름은 몇 cm입니까? (원주율: 3.1) 4점

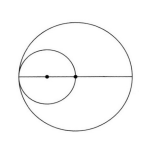

준호

(   )

9 [4단원] 어머니가 주신 용돈을 선영이와 동생이 5 : 3으로 나누어 가지려고 합니다. 동생은 전체 용돈의 몇 분의 몇을 가지게 됩니까? 3점

( )

10 [6단원] 한 변을 기준으로 직각삼각형 모양의 종이를 돌려서 원뿔을 만들었습니다. 원뿔의 밑면의 지름과 모선의 길이는 각각 몇 cm입니까? 3점

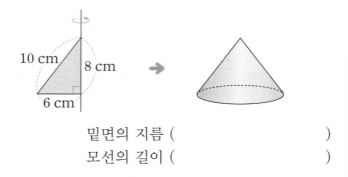

밑면의 지름 ( )
모선의 길이 ( )

11 [6단원] 원뿔에 대한 설명으로 알맞은 것을 찾아 기호를 쓰시오. 3점

> ㉠ 밑면의 모양은 정사각형입니다.
> ㉡ 앞에서 본 모양과 옆에서 본 모양이 모두 삼각형입니다.
> ㉢ 밑면은 합동인 면으로 2개 있습니다.
> ㉣ 꼭짓점이 없습니다.

( )

12 [4단원] ▨ 안의 수를 주어진 비로 나누어 [,] 안에 쓰시오. 3점

| 80 | 3 : 7 → [,]

13 [5단원] 빈칸에 알맞은 수를 써넣으시오. 3점

원주(cm)	반지름(cm)	지름(cm)	(원주)÷(지름)
25.12		8	
56.52	9		

14 [5단원] 원의 넓이는 몇 cm²입니까? (원주율: 3.1) 3점

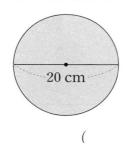

( )

15 [4단원] 지윤이네 학교의 6학년 학생 중에서 남학생은 180명이고 여학생은 150명입니다. 남학생 수와 여학생 수의 비를 간단한 자연수의 비로 나타내시오. 3점

( )

16 [5단원] 반지름이 8 cm인 원을 한없이 잘게 잘라 이어 붙여서 직사각형을 만들었습니다. ㉠에 알맞은 수를 구하시오. (원주율: 3) 3점

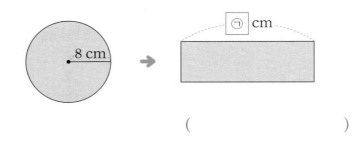

( )

25 [5단원]
지름이 3 cm인 원 ㉮와 지름이 ㉮의 2배인 원 ㉯가 있습니다. 원 ㉯의 원주는 원 ㉮의 원주의 몇 배입니까?

(원주율: 3.1) **4점**

(   )

26 [5단원]
원주율은 다음과 같이 소수로 끝없이 계속됩니다. 서영이가 반지름이 3.5 cm인 원의 원주를 구할 때 원주율을 반올림하여 소수 첫째 자리까지 나타낸 수로 정하여 계산했습니다. 서영이가 구한 원주는 몇 cm입니까? **4점**

3.14159265358979……

(   )

27 [4단원]   서술형
지유와 민우가 구슬 282개를 나누어 가졌습니다. 지유가 민우보다 18개를 더 많이 가졌을 때, 지유와 민우가 가진 구슬 수의 비를 간단한 자연수의 비로 나타내는 풀이 과정을 쓰고 답을 구하시오. **4점**

풀이 _____

_____

_____

_____

답 _____

28 [5단원]
다음은 직사각형 안에 원 모양을 이용하여 그린 것입니다. 색칠한 부분의 둘레는 몇 cm입니까? (원주율: 3.1) **4점**

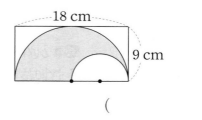

(   )

29 [4단원]
여학생 중 5명이 교실에서 나간 후 교실에 있는 남학생 수와 여학생 수의 비가 5 : 3이 되었습니다. 교실에 남아 있는 학생이 32명일 때 처음 교실에 있던 여학생은 몇 명입니까? **4점**

(   )

30 [4단원]
삼각형 ㄱㄴㄹ의 넓이는 56 cm²이고 변 ㄴㄷ과 변 ㄷㄹ의 길이의 비는 $2\frac{1}{2} : 1\frac{7}{8}$입니다. 삼각형 ㄱㄷㄹ의 넓이는 몇 cm²입니까? **4점**

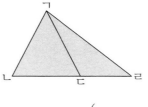

(   )

[6단원]

9 원기둥의 높이가 가장 높은 것부터 차례로 기호를 쓰시오. `3점`

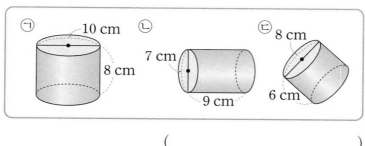

(   )

[6단원]

10 원기둥의 전개도를 보고 ㉠과 ㉡에 알맞은 수를 각각 구하시오. `3점`

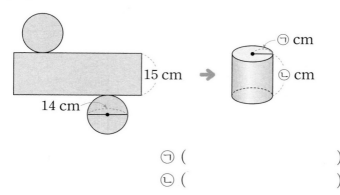

㉠ (   )
㉡ (   )

[5단원]

11 지름과 원주율에 대한 설명으로 <u>틀린</u> 것을 찾아 기호를 쓰시오. `3점`

> ㉠ 지름은 원 위의 두 점을 이은 선분 중 가장 깁니다.
> ㉡ (원주율)＝(원주)÷(지름)입니다.
> ㉢ 반지름이 길어지면 원주율도 커집니다.

(   )

[3단원]

12 오른쪽 쌓기나무 모양에 쌓기나무 1개를 더 붙여서 만들 수 있는 모양을 모두 찾아 기호를 쓰시오. `3점`

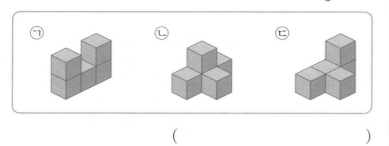

(   )

[3단원]

13 오른쪽은 쌓기나무 12개로 쌓은 모양입니다. 위와 앞에서 본 모양을 각각 그리시오. `3점`

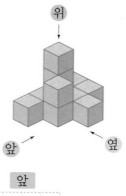

[4단원]

14 공책 77권을 정혜와 유민이에게 5 : 6으로 나누어 주려고 합니다. 정혜와 유민이가 받게 되는 공책은 각각 몇 권입니까? `3점`

정혜 (   )
유민 (   )

[3단원]

15 쌓기나무로 쌓은 모양을 위, 앞, 옆에서 본 모양입니다. 똑같은 모양으로 쌓는 데 필요한 쌓기나무는 몇 개입니까?
`3점`

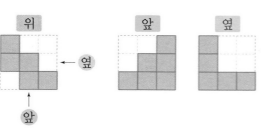

(   )

[4단원]

16 비율이 $\frac{3}{5}$인 자연수의 비 중에서 전항과 후항이 모두 15 미만인 비를 모두 쓰시오. `3점`

(   )

25 [1단원] 어떤 수를 $2\frac{2}{5}$로 나누어야 할 것을 잘못하여 곱하였더니 $10\frac{18}{25}$이 되었습니다. 바르게 계산한 값을 구하시오. [4점]

(   )

26 [6단원] 오른쪽과 같은 원기둥 모양의 롤러가 있습니다. 이 롤러의 옆면에 페인트를 묻힌 후 2바퀴 굴렸더니 색칠된 부분의 넓이가 502.4 cm^2였습니다. 롤러의 밑면의 지름은 몇 cm입니까?

(원주율: 3.14) [4점]

(   )

27 [5단원] 다음 운동장에 대한 설명을 보고 운동장의 넓이는 몇 m^2인지 구하시오. (원주율: 3.1) [4점]

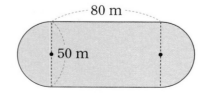

• 운동장에서 직선 거리는 80 m입니다.
• 운동장의 양 끝은 반원 모양입니다.

(   )

28 [2단원] 소금 120.2 kg을 자루 한 개에 9 kg씩 담아 소금 자루를 모두 팔았습니다. 남은 소금을 음식점에서 하루에 0.8 kg씩 사용하려고 합니다. 음식점에서 이 소금을 며칠 동안 사용할 수 있습니까? [4점]

(   )

29 [1단원] 서술형

수 카드 5장이 있습니다. 수 카드 3장을 한 번씩만 사용하여 만들 수 있는 가장 큰 대분수를 만들고, 남은 수로 진분수를 만들어 대분수를 진분수로 나누려고 합니다. 풀이 과정을 쓰고 답을 구하시오. [4점]

| 1 | 4 | 5 | 7 | 9 |

풀이 _____

_____

_____

_____

답 _____

30 [3단원] 쌓기나무로 만든 정육면체 모양의 바깥쪽 면을 모두 파란색으로 색칠했습니다. 세 면이 색칠된 쌓기나무와 두 면이 색칠된 쌓기나무 개수의 차는 몇 개입니까? (단, 바닥 부분도 색칠했습니다.) [4점]

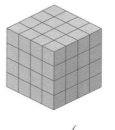

(   )

[4단원] 융합형

9 어머니께서 다음과 같이 땅콩을 샐러드와 멸치볶음에 5 : 3으로 나누어 넣으려고 합니다. □ 안에 알맞은 수를 써넣으시오. 3점

> 땅콩 240 g을 5 : 3으로 비례배분하면
> [   ] g, [   ] g입니다.

[6단원] 서술형

10 다음은 원기둥의 전개도가 아닙니다. 그 이유를 쓰시오. 3점

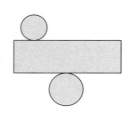

이유 _____

_____

[5단원]

11 한 변의 길이가 28 cm인 정사각형 안에 들어갈 수 있는 가장 큰 원의 넓이는 몇 cm²입니까? (원주율: 3.14) 3점

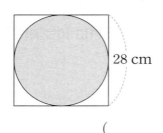

28 cm

(   )

[5단원]

12 오른쪽 원에서 색칠한 부분의 넓이는 몇 cm²입니까? (원주율: 3) 3점

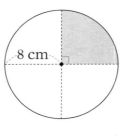

8 cm

(   )

[4단원]

13 두 개의 물통 ㉮의 들이와 ㉯의 들이의 비는 6 : 5입니다. ㉮ 물통의 들이가 24 L일 때, ㉯ 물통의 들이는 몇 L입니까? 3점

(   )

[3단원]

14 쌓기나무를 4개씩 붙여서 만든 두 가지 모양을 사용하여 오른쪽과 같은 모양을 만들었습니다. 사용한 두 가지 모양을 찾아 기호를 쓰시오. 3점

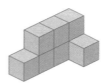

가   나   다   라

(   )

[5단원]

15 지름이 49 cm인 원 모양의 쟁반을 한 바퀴 굴렸습니다. 쟁반이 굴러간 거리는 몇 cm입니까? (원주율: 3.1) 3점

(   )

[1단원]

16 크기를 비교하여 ○ 안에 >, =, <를 알맞게 써넣으시오. 3점

$$4\frac{2}{3} \div \frac{4}{5} \bigcirc 4\frac{1}{5}$$

24 [1단원]
굵기가 일정한 두 철근 $\frac{1}{4}$ m와 $\frac{1}{2}$ m의 무게의 합은 6 kg 입니다. 이 철근 1 m의 무게는 몇 kg입니까? 4점

(   )

25 [5단원]
넓이가 198.4 cm²인 원이 있습니다. 이 원의 원주는 몇 cm입니까? (원주율: 3.1) 4점

(   )

26 [6단원]
다음과 같은 원기둥 모양의 롤러에 페인트를 묻혀 굴렸습니다. 페인트가 칠해진 부분의 넓이가 892.8 cm²라면 몇 바퀴 굴린 것입니까? (원주율: 3.1) 4점

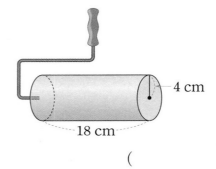
4 cm
18 cm

(   )

27 [2단원]
길이가 9.36 m인 끈을 모두 0.78 m씩 자르려고 합니다. 몇 번을 잘라야 합니까? 4점

(   )

28 [3단원]
오른쪽 모양에 쌓기나무 1개를 더 붙여서 만들 수 있는 모양은 모두 몇 가지입니까? (단, 모양을 뒤집거나 돌려서 같은 모양이 되는 것은 한 가지로 생각합니다.) 4점

(   )

29 [1단원]   서술형
수경이는 어제까지 동화책의 $\frac{3}{8}$을 읽고 오늘은 어제까지 읽고 난 나머지의 $\frac{3}{5}$을 읽었습니다. 오늘까지 읽고 남은 쪽수가 40쪽이라면 동화책은 모두 몇 쪽인지 풀이 과정을 쓰고 답을 구하시오. 4점

풀이 _____

_____

_____

_____

답 _____

30 [2단원]   추론
다음 나눗셈의 몫을 구할 때 몫의 소수 18째 자리 숫자를 구하시오. 4점

$$1.3 \div 2.7$$

(   )

[3단원]

9 주어진 모양과 똑같이 쌓는 데 필요한 쌓기나무는 몇 개인지 구하시오. 3점

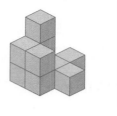

위에서 본 모양

(   )

[2단원]

10 큰 수를 작은 수로 나눈 몫을 빈칸에 써넣으시오. 3점

5.16	0.43

[6단원]

11 오른쪽 원기둥에 대한 설명을 보고 밑면의 지름과 높이를 각각 구하시오. 3점

- 위에서 본 모양은 반지름이 4 cm인 원입니다.
- 앞에서 본 모양은 정사각형입니다.

밑면의 지름 (   )
높이 (   )

[6단원]

12 원뿔과 원기둥의 높이의 차는 몇 cm입니까? 3점

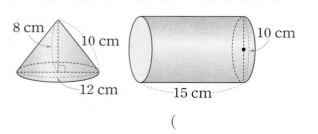

8 cm 10 cm 12 cm 15 cm 10 cm

(   )

[4단원]

13 다음 비례식에서 외항의 곱이 120일 때, ㉠과 ㉡에 알맞은 수를 각각 구하시오. 3점

$$12 : 5 = ㉠ : ㉡$$

㉠ (   )
㉡ (   )

[6단원]

14 원기둥의 전개도에서 옆면의 가로는 몇 cm입니까?
(원주율: 3.1) 3점

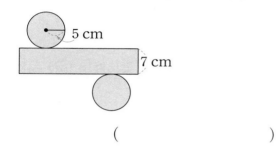

5 cm
7 cm

(   )

[5단원]   문제 해결

15 해찬이는 지름이 42 cm인 굴렁쇠를 가지고 집에서 학교까지의 거리를 알아보려고 합니다. 집에서 학교까지 가는 데 굴렁쇠를 250바퀴 굴렸다면 집에서 학교까지의 거리는 몇 cm입니까? (원주율: 3.14) 3점

(   )

[4단원]

16 넓이가 252 m²인 직사각형 모양의 텃밭을 9 : 5로 나누었습니다. 나누어진 두 개의 텃밭 중 더 넓은 텃밭의 넓이는 몇 m²입니까? 3점

(   )

[1단원]

25 3장의 수 카드를 한 번씩 모두 사용하여 대분수를 만들려고 합니다. 만들 수 있는 대분수 중에서 가장 큰 대분수는 가장 작은 대분수의 몇 배입니까? 4점

| 3 | 7 | 5 |

(   )

[5단원]

26 색칠한 부분의 넓이는 몇 cm²입니까? (원주율: 3) 4점

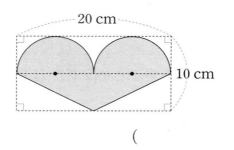

(   )

[4단원]   창의력

27 두 원 가와 나가 그림과 같이 겹쳐져 있습니다. 겹쳐진 부분의 넓이는 가의 0.4이고 나의 $\frac{1}{3}$입니다. 가의 넓이와 나의 넓이의 비를 간단한 자연수의 비로 나타내시오. 4점

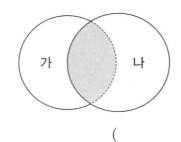

(   )

[2단원]

28 똑같은 음료수 50개를 담은 상자의 무게를 재어 보니 24.58 kg이었습니다. 음료수 34개가 팔린 후 남은 음료수를 담은 상자의 무게를 재어 보니 16.9 kg이었습니다. 음료수 한 개의 무게는 몇 kg인지 반올림하여 소수 둘째 자리까지 나타내시오. 4점

(   )

[3단원]

29 쌓기나무로 쌓은 모양을 위, 앞, 옆에서 본 모양입니다. 쌓은 쌓기나무가 가장 많은 경우와 가장 적은 경우의 쌓기나무 수는 각각 몇 개인지 구하시오. 4점

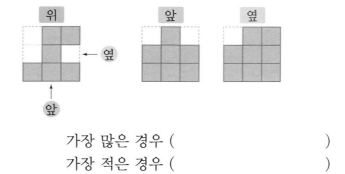

가장 많은 경우 (   )
가장 적은 경우 (   )

[2단원]

30 다음 나눗셈의 몫을 반올림하여 소수 둘째 자리까지 나타내면 5.53이 됩니다. 0부터 9까지의 수 중에서 ☐ 안에 들어갈 수 있는 한 자리 수는 모두 몇 개입니까? 4점

| 51.4☐7 ÷ 9.3 |

(   )

9 [3단원]
돌리거나 뒤집었을 때 ‖보기‖와 같은 모양인 것을 찾아 ○표 하시오. 3점

‖보기‖

 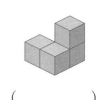

(   ) (   )

10 [5단원]
원의 넓이는 몇 cm^2인지 구하시오. (원주율: 3.1) 3점

8 cm

(   )

11 [3단원]
쌓기나무 10개로 쌓은 모양입니다. 옆에서 본 모양을 그리시오. 3점

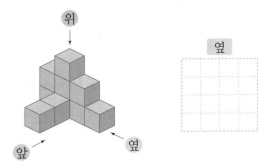

12 [1단원]
세로가 $\dfrac{8}{15}$ m이고 넓이가 $\dfrac{16}{25}$ m^2인 직사각형이 있습니다. 이 직사각형의 가로는 몇 m입니까? 3점

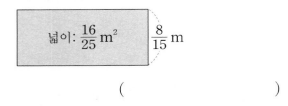
넓이: $\dfrac{16}{25}$ m^2 $\dfrac{8}{15}$ m

(   )

13 [1단원]
민수는 넓이가 $\dfrac{14}{15}$ m^2인 수건을 만들었고, 혜미는 넓이가 $1\dfrac{1}{20}$ m^2인 수건을 만들었습니다. 혜미가 만든 수건의 넓이는 민수가 만든 수건의 넓이의 몇 배입니까? 3점

(   )

14 [2단원]
상자 1개를 포장하는 데 끈 0.84 m가 필요합니다. 끈 47.88 m로는 상자를 몇 개 포장할 수 있습니까? 3점

식 _____

답 _____

15 [6단원]
원기둥, 원뿔, 구에 대한 설명 중 옳은 것을 찾아 기호를 쓰시오. 3점

> ㉠ 원기둥, 원뿔, 구는 어떤 방향에서 보아도 모양이 모두 원입니다.
> ㉡ 원뿔은 뾰족한 부분이 있지만 원기둥과 구는 뾰족한 부분이 없습니다.

(   )

16 [4단원]
9분 동안 42 L의 물이 나오는 수도가 있습니다. 이 수도로 350 L들이의 욕조에 물을 가득 채우려면 몇 분 동안 물을 받아야 합니까? (단, 물은 일정하게 나옵니다.) 3점

(   )

[2단원]

25 어떤 마라톤 선수가 일정한 빠르기로 42.195 km를 2시간 18분 동안 달렸습니다. 이 선수가 1시간 동안 달린 거리는 몇 km인지 반올림하여 소수 둘째 자리까지 나타내는 풀이 과정을 쓰고 답을 구하시오. 4점 〔서술형〕

풀이 _____

_____

_____

_____

답 _____

[2단원]

26 넓이가 16.34 cm²인 사다리꼴이 있습니다. 이 사다리꼴의 윗변의 길이는 몇 cm입니까? 4점

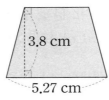

3.8 cm

5.27 cm

( )

[1단원]

27 ■에 알맞은 수를 구하시오. 4점

$$6 \div \frac{4}{9} = ▲ \qquad ■ \times ▲ = 4\frac{1}{2}$$

( )

[2단원]

28 다음 4장의 수 카드를 한 번씩 모두 사용하여 몫이 가장 큰 (소수 한 자리 수)÷(소수 한 자리 수)의 나눗셈식을 만들었습니다. 만든 나눗셈식의 몫을 구하시오. 4점

6   4   9   2

( )

[3단원]

29 쌓기나무로 쌓은 모양입니다. 쌓은 모양의 바닥에 닿는 면을 포함하여 바깥쪽 면에 모두 파란색을 칠했을 때 3개의 면이 파란색으로 칠해진 쌓기나무는 몇 개입니까? 4점

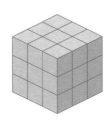

위에서 본 모양

( )

[4단원]

30 현지와 아라가 가지고 있는 구슬 수의 비는 2 : 3입니다. 아라가 현지에게 구슬 3개를 주었더니 현지와 아라가 가지고 있는 구슬 수의 비가 9 : 11이 되었습니다. 아라가 처음에 가지고 있던 구슬은 몇 개입니까? 4점

( )

[5단원]

9 다음 털실의 길이를 반지름으로 하는 원을 만들었습니다. 만든 원의 넓이는 몇 cm²인지 구하시오. (원주율: 3.14) `3점`

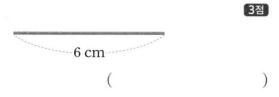

       (   )

[3단원]

10 쌓기나무로 쌓은 모양을 보고 위에서 본 모양에 수를 썼습니다. 앞에서 본 모양을 그리시오. `3점`

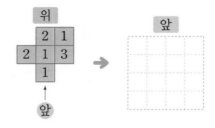

[1단원] `문제 해결`

11 수직선을 보고 ㉠÷㉡의 계산 결과를 구하시오. `3점`

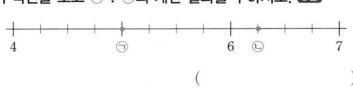

       (   )

[2단원]

12 집에서 병원까지의 거리는 2.25 km이고 집에서 학교까지의 거리는 0.5 km입니다. 집에서 병원까지의 거리는 집에서 학교까지의 거리의 몇 배입니까? `3점`

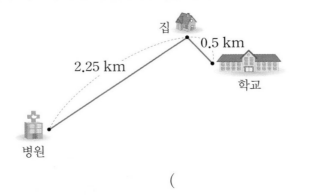

       (   )

[6단원]

13 어떤 입체도형을 위, 앞, 옆에서 본 그림입니다. 이 입체도형의 이름은 무엇입니까? `3점`

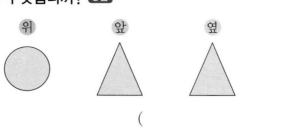

       (   )

[3단원]

14 쌓기나무를 4개씩 붙여서 만든 두 가지 모양을 사용하여 만들 수 있는 모양을 찾아 기호를 쓰시오. `3점`

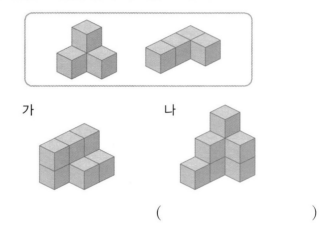

       (   )

[2단원]

15 아버지의 몸무게는 74.5 kg이고, 현우의 몸무게는 45.8 kg입니다. 아버지의 몸무게는 현우의 몸무게의 몇 배인지 반올림하여 소수 첫째 자리까지 나타내시오. `3점`

       (   )

[4단원]

16 윤호와 지수는 같은 책을 1시간 동안 읽었는데 윤호는 전체의 $\frac{1}{3}$을, 지수는 전체의 $\frac{1}{4}$을 읽었습니다. 윤호와 지수가 각각 1시간 동안 읽은 책의 양을 간단한 자연수의 비로 나타내시오. `3점`

       (   )

[5단원]

24 직사각형 모양의 종이를 잘라 만들 수 있는 가장 큰 원의 넓이는 몇 cm²인지 구하시오. (원주율: 3.14) **4점**

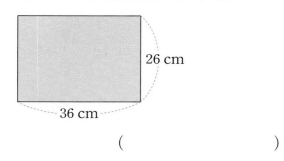

26 cm

36 cm

(   )

[1단원]

25 준수는 일정한 빠르기로 1시간 15분 동안 $3\frac{3}{4}$ km를 걸었습니다. 같은 빠르기로 $\frac{5}{6}$시간 동안 걷는다면 몇 km를 걸을 수 있습니까? **4점**

(   )

[2단원]

26 몫의 소수 30째 자리 숫자는 얼마인지 구하시오. **4점**

$$50.2 \div 3$$

(   )

[5단원]

27 다음은 반지름이 5 cm인 원과 원주가 36 cm인 원 2개를 겹치지 않게 이어 붙인 것입니다. 선분 ㄱㄴ의 길이는 몇 cm입니까? (원주율: 3) **4점**

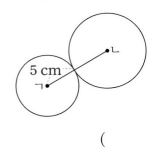

5 cm

(   )

[3단원]

28 앞과 옆에서 본 모양이 그림과 같이 되도록 쌓기나무 모양을 만들려고 합니다. 될 수 있는 대로 많은 쌓기나무를 사용해서 쌓으려면 쌓기나무를 몇 개 사용해야 합니까? **4점**

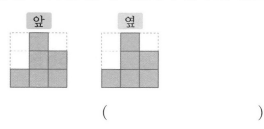

앞   옆

(   )

[6단원]

29 원기둥 모양의 나무토막을 반으로 잘라 만든 윷가락이 있습니다. 윷가락 하나의 겉면에 모두 페인트를 칠했다면 페인트를 칠한 부분의 넓이는 몇 cm²인지 구하시오.

(원주율: 3.14) **4점**

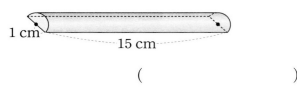

1 cm   15 cm

(   )

[5단원]   창의력

30 원과 직사각형을 겹쳐서 그린 것입니다. 색칠한 부분 ㉮와 ㉯의 넓이가 같을 때 원의 반지름은 몇 cm입니까?

(원주율: 3) **4점**

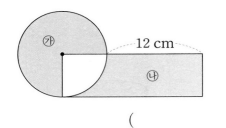

㉮   12 cm

㉯

(   )

9 [5단원]
그림과 같은 정사각형 모양의 종이를 오려서 가장 큰 원을 만들었습니다. 만든 원의 넓이는 몇 cm²입니까?

(원주율: 3.14) 3점

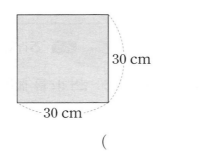

(   )

10 [2단원]
민주는 재활용 폐지를 4.92 kg 모았습니다. 모은 재활용 폐지를 상자 1개에 1.64 kg씩 담으려고 합니다. 필요한 상자는 몇 개입니까? 3점

(   )

11 [3단원]
보기와 같이 컵을 놓았을 때 나올 수 없는 그림을 찾아 기호를 쓰시오. 추론 3점

┃보기┃

(   )

12 [1단원]
떡볶이를 만드는 데 고추장은 $2\frac{1}{2}$ 큰술, 설탕은 $1\frac{1}{2}$ 큰술 필요합니다. 고추장의 양은 설탕의 양의 몇 배인지 구하시오. 3점

식 _____

답 _____

13 [4단원] 융합형
카드의 가로와 세로의 비는 보기에 가장 균형적으로 보이는 황금비에 가깝게 만들어진 것입니다. 다음 카드의 가로와 세로의 비를 간단한 자연수의 비로 나타내시오. 3점

◀OO카드
1235 6984 XXXX
03/15 VISA
세로 5.4 cm
가로 8.6 cm

(   )

14 [2단원]
지영이의 몸무게는 32.4 kg, 동생의 몸무게는 10.8 kg입니다. 지영이의 몸무게는 동생의 몸무게의 몇 배인지 구하시오. 3점

(   )

15 [4단원]
밑변의 길이와 높이의 비가 5 : 8이 되도록 직각삼각형을 그렸습니다. 그린 직각삼각형의 밑변의 길이가 15 cm라면 높이는 몇 cm입니까? 3점

(   )

16 [6단원]
우정이는 다음 원기둥 모양의 사탕 통의 옆면을 포장지로 겹쳐지는 부분이 없게 둘러싸려고 합니다. 필요한 포장지의 넓이는 몇 cm²입니까? (원주율: 3.1) 3점

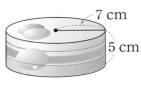

7 cm
5 cm

(   )

[5단원]
24 직사각형 모양의 종이를 잘라 만들 수 있는 가장 큰 원의 넓이는 몇 cm²인지 구하시오. (원주율: 3.14) **4점**

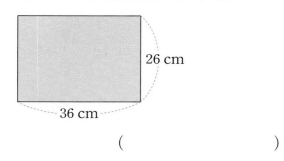

26 cm
36 cm

( )

[1단원]
25 준수는 일정한 빠르기로 1시간 15분 동안 $3\frac{3}{4}$ km를 걸었습니다. 같은 빠르기로 $\frac{5}{6}$ 시간 동안 걷는다면 몇 km를 걸을 수 있습니까? **4점**

( )

[2단원]
26 몫의 소수 30째 자리 숫자는 얼마인지 구하시오. **4점**

$$50.2 \div 3$$

( )

[5단원]
27 다음은 반지름이 5 cm인 원과 원주가 36 cm인 원 2개를 겹치지 않게 이어 붙인 것입니다. 선분 ㄱㄴ의 길이는 몇 cm입니까? (원주율: 3) **4점**

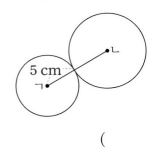

5 cm

( )

[3단원]
28 앞과 옆에서 본 모양이 그림과 같이 되도록 쌓기나무 모양을 만들려고 합니다. 될 수 있는 대로 많은 쌓기나무를 사용해서 쌓으려면 쌓기나무를 몇 개 사용해야 합니까? **4점**

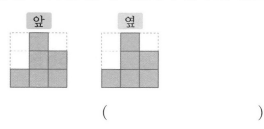

앞   옆

( )

[6단원]
29 원기둥 모양의 나무토막을 반으로 잘라 만든 윷가락이 있습니다. 윷가락 하나의 겉면에 모두 페인트를 칠했다면 페인트를 칠한 부분의 넓이는 몇 cm²인지 구하시오.
(원주율: 3.14) **4점**

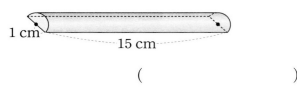

1 cm   15 cm

( )

[5단원]   창의력
30 원과 직사각형을 겹쳐서 그린 것입니다. 색칠한 부분 ㉮와 ㉯의 넓이가 같을 때 원의 반지름은 몇 cm입니까?
(원주율: 3) **4점**

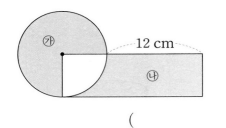

㉮   12 cm
㉯

( )

1 [4단원] 24 : 30을 간단한 자연수의 비로 나타낸 것을 찾아 기호를 쓰시오. 2점

$$ㄱ\ 8:15 \qquad ㄴ\ 4:5 \qquad ㄷ\ 2:3$$

(   )

2 [6단원] 직각삼각형 모양의 종이를 한 변을 기준으로 돌려 만든 입체도형을 보고 밑면의 지름은 몇 cm인지 구하시오. 2점

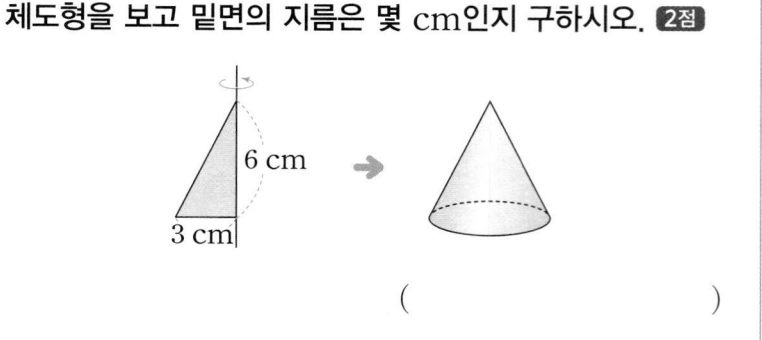

(   )

3 [2단원] 빈 곳에 알맞은 수를 써넣으시오. 2점

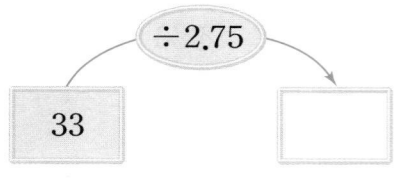

4 [3단원] 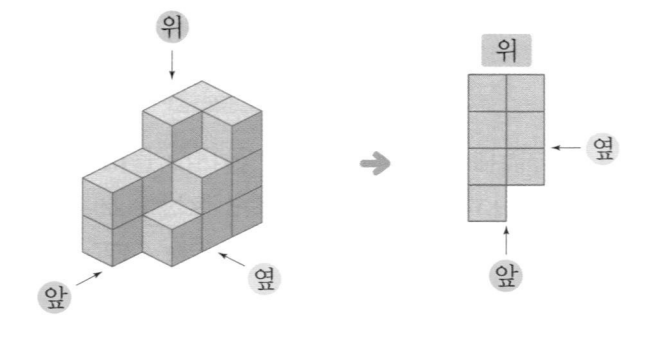 모양에 쌓기나무 1개를 더 붙여서 만든 모양을 찾아 기호를 쓰시오. 2점

(   )

5 [1단원] 큰 수를 작은 수로 나눈 값을 구하시오. 3점

$$3\frac{1}{2} \qquad 1\frac{4}{5}$$

(   )

6 [2단원] 나눗셈의 몫을 반올림하여 소수 첫째 자리까지 나타내시오. 3점

$$5.2 \div 2.7$$

(   )

7 [4단원] 두 비의 전항을 비교하여 더 큰 것을 찾아 기호를 쓰시오. 3점

$$ㄱ\ 5:9 \qquad ㄴ\ 6:7$$

(   )

8 [3단원] 쌓기나무 16개로 쌓은 모양입니다. 오른쪽 그림의 위에서 본 모양에 수를 쓰시오. 3점

9 [5단원]
그림과 같은 정사각형 모양의 종이를 오려서 가장 큰 원을 만들었습니다. 만든 원의 넓이는 몇 cm²입니까?

(원주율: 3.14) 3점

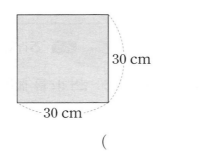

30 cm
30 cm

(   )

10 [2단원]
민주는 재활용 폐지를 4.92 kg 모았습니다. 모은 재활용 폐지를 상자 1개에 1.64 kg씩 담으려고 합니다. 필요한 상자는 몇 개입니까? 3점

(   )

11 [3단원]   추론
보기와 같이 컵을 놓았을 때 나올 수 없는 그림을 찾아 기호를 쓰시오. 3점

보기

ㄱ   ㄴ   ㄷ

(   )

12 [1단원]
떡볶이를 만드는 데 고추장은 $2\frac{1}{2}$ 큰술, 설탕은 $1\frac{1}{2}$ 큰술 필요합니다. 고추장의 양은 설탕의 양의 몇 배인지 구하시오. 3점

식 _____

답 _____

13 [4단원]   융합형
카드의 가로와 세로의 비는 보기에 가장 균형적으로 보이는 황금비에 가깝게 만들어진 것입니다. 다음 카드의 가로와 세로의 비를 간단한 자연수의 비로 나타내시오. 3점

○○카드
1235 6984 XXXX
03/15 VISA
세로 5.4 cm
가로 8.6 cm

(   )

14 [2단원]
지영이의 몸무게는 32.4 kg, 동생의 몸무게는 10.8 kg입니다. 지영이의 몸무게는 동생의 몸무게의 몇 배인지 구하시오. 3점

(   )

15 [4단원]
밑변의 길이와 높이의 비가 5 : 8이 되도록 직각삼각형을 그렸습니다. 그린 직각삼각형의 밑변의 길이가 15 cm라면 높이는 몇 cm입니까? 3점

(   )

16 [6단원]
우정이는 다음 원기둥 모양의 사탕 통의 옆면을 포장지로 겹쳐지는 부분이 없게 둘러싸려고 합니다. 필요한 포장지의 넓이는 몇 cm²입니까? (원주율: 3.1) 3점

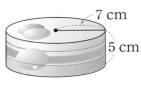

7 cm
5 cm

(   )

17 [6단원]
원기둥과 원뿔의 공통점을 모두 찾아 기호를 쓰시오. 4점

> ⊙ 밑면이 1개입니다.
> ⓒ 밑면은 원입니다.
> ⓒ 옆면은 굽은 면입니다.
> ⓔ 둥근 뿔 모양입니다.

( )

18 [4단원]   서술형
높이가 2 m인 나무 바로 옆에 키가 160 cm인 동민이가 서 있습니다. 동민이의 그림자 길이가 180 cm라면 나무의 그림자 길이는 몇 cm인지 풀이 과정을 쓰고 답을 구하시오. 4점

풀이 _____

_____

_____

답 _____

19 [5단원]
크기가 더 큰 원을 찾아 기호를 쓰시오. (원주율: 3.1) 4점

> ⊙ 반지름이 7 cm인 원
> ⓒ 원주가 49.6 cm인 원

( )

20 [3단원]
쌓기나무를 위, 앞, 옆에서 본 모양입니다. 똑같은 모양을 만들기 위해서 필요한 쌓기나무는 모두 몇 개입니까? 4점

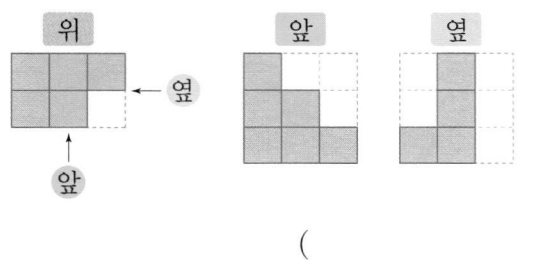

( )

21 [1단원]   서술형
길이가 $5\frac{5}{6}$ km인 도로 한쪽에 $\frac{1}{54}$ km 간격으로 처음부터 끝까지 가로등을 세우려고 합니다. 필요한 가로등은 몇 개인지 풀이 과정을 쓰고 답을 구하시오. 4점

풀이 _____

_____

_____

_____

답 _____

22 [1단원]
다음과 같은 3장의 수 카드가 있습니다. 수 카드를 한 번씩 모두 사용하여 대분수를 만들 때 만들 수 있는 가장 작은 대분수는 $3\frac{1}{2}$의 몇 배입니까? 4점

> 4 5 6

( )

23 [6단원]
다음 전개도를 접었을 때 만들어지는 원기둥의 한 밑면의 넓이는 몇 cm²인지 구하시오. (원주율: 3.1) 4점

37.2 cm
25 cm

( )

24 [5단원]
길이가 190 cm인 실이 있습니다. 이 실을 겹치지 않게 사용하여 반지름이 4 cm인 원을 만들려고 합니다. 원을 몇 개까지 만들 수 있습니까? (원주율: 3.14) 4점

( )

25 [5단원] 색칠한 부분의 둘레는 몇 cm입니까? (원주율: 3) **4점**

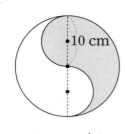

10 cm

(   )

26 [1단원] 길이가 20 cm인 양초에 불을 붙이고 $2\frac{1}{4}$시간이 지난 후 양초의 길이를 재었더니 $2\frac{1}{2}$ cm였습니다. 이 양초는 한 시간에 몇 cm씩 탄 셈인지 구하시오. **4점**

(   )

27 [5단원] 색칠한 부분의 넓이는 몇 cm²입니까? (원주율: 3.14) **4점**

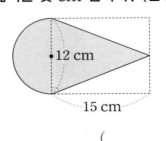

12 cm

15 cm

(   )

28 [6단원] 오른쪽 입체도형은 어떤 평면 도형의 한 변을 기준으로 한 바퀴 돌려서 만들어진 것입니다. 돌리기 전의 평면도형의 넓이는 몇 cm²입니까? **4점**

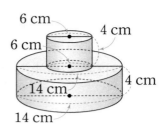

6 cm
6 cm
4 cm
14 cm
4 cm
14 cm

(   )

29 [3단원]   창의·융합

쌓기나무 6개를 이용하여 다음 조건을 모두 만족하는 모양을 몇 가지 만들 수 있습니까? (단, 뒤집거나 돌려서 같은 모양이 되는 것은 한 가지로 생각합니다.) **4점**

- 쌓기나무로 쌓은 모양은 3층입니다.
- 각 층에 쌓인 쌓기나무의 수는 모두 다릅니다.
- 위에서 본 모양은 다음과 같습니다.

(   )

30 [2단원] 사다리꼴 ㄱㄴㄷㄹ의 넓이는 82.5 cm²입니다. 선분 ㄴㅁ과 선분 ㅁㄹ의 길이가 같을 때 삼각형 ㄱㄷㅁ의 넓이는 몇 cm²입니까? **4점**

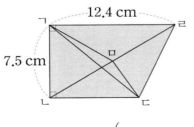

12.4 cm
7.5 cm

(   )

해법 **수학**
경시대회
기출문제

─정답 및 풀이─
6-2

ⓒ천재교육

해법 **수학**
경시대회
기 출 문 제

매일 마시는 스마트 교과서

천재교육이 만든 초등 전과목 스마트 학습

성적향상 공부 자신감

학습 응용력 공부 흥미

전과목 학습능력

정답 및 풀이

대표유형 ❶ 8, 2, 4 / 4
대표유형 ❷ 6, 6, 3 / 6, 3
대표유형 ❸ 2, 6 / 6
대표유형 ❹ 5, 1, 4, 4 / 4개

1 5, 1, 5　　　　　　**2** 3

3 (　　)(○)(　　)

4 $\dfrac{6}{7} \div \dfrac{3}{4} = \dfrac{6}{7} \times \dfrac{\overset{2}{4}}{\underset{1}{3}} = \dfrac{8}{7} = 1\dfrac{1}{7}$

5 $\dfrac{7}{11} \div \dfrac{3}{11} = 7 \div 3 = \dfrac{7}{3} = 2\dfrac{1}{3}$

6 8　　　　**7** $6\dfrac{3}{4}$　　　　**8** $2\dfrac{2}{9}$

9 $\dfrac{2}{3}$　　　**10** $1\dfrac{3}{7}$배　　**11**

12 예 **방법 1** $1\dfrac{3}{5} \div \dfrac{2}{7}$

$= \dfrac{8}{5} \div \dfrac{2}{7} = \dfrac{56}{35} \div \dfrac{10}{35}$

$= 56 \div 10 = \dfrac{\overset{28}{56}}{\underset{5}{10}} = \dfrac{28}{5} = 5\dfrac{3}{5}$

방법 2 $1\dfrac{3}{5} \div \dfrac{2}{7} = \dfrac{8}{5} \div \dfrac{2}{7}$

$= \dfrac{\overset{4}{8}}{5} \times \dfrac{7}{\underset{1}{2}} = \dfrac{28}{5} = 5\dfrac{3}{5}$

13 $\dfrac{12}{13} \div \dfrac{4}{13} = 3$, 3　　　**14** $<$

15 $12 \div \dfrac{2}{3} = 18$, 18개　　**16** ㉡

17 $3\dfrac{3}{4}$　　　　**18** 1, 2

19 $1\dfrac{3}{4}$배　　　**20** $5\dfrac{2}{5}$

풀이

1 분모가 같은 분수의 나눗셈은 분자끼리의 나눗셈으로 계산합니다.

2 $\dfrac{6}{13} \div \dfrac{2}{13} = 6 \div 2 = 3$

4 나누는 분수의 분모와 분자를 바꾸어 분수의 곱셈으로 나타내어 계산합니다.

6 $\dfrac{1}{9} \div \dfrac{2}{5} = \dfrac{1}{9} \times \dfrac{5}{2} = \dfrac{5}{18}$
　→ ㉠=1, ㉡=2, ㉢=5
　➡ ㉠+㉡+㉢=1+2+5=8

7 $\dfrac{21}{4} \div \dfrac{7}{9} = \dfrac{21}{4} \times \dfrac{9}{\underset{1}{7}}\overset{3}{} = \dfrac{27}{4} = 6\dfrac{3}{4}$

8 $\dfrac{5}{6} \div \dfrac{3}{8} = \dfrac{5}{\underset{3}{6}} \times \dfrac{\overset{4}{8}}{3} = \dfrac{20}{9} = 2\dfrac{2}{9}$

9 $5 \div \dfrac{\blacktriangle}{\blacksquare} = \underline{(5 \div \blacktriangle) \times \blacksquare}$
　　　　　　$\downarrow$
　　　　$(5 \div 2) \times 3$
따라서 ▲=2, ■=3입니다.
　➡ ㉠에 알맞은 기약분수는 $\dfrac{2}{3}$입니다.

10 (가로)÷(세로)$= 1\dfrac{1}{4} \div \dfrac{7}{8} = \dfrac{5}{4} \div \dfrac{7}{8}$

$= \dfrac{5}{\underset{1}{4}} \times \dfrac{\overset{2}{8}}{7} = \dfrac{10}{7} = 1\dfrac{3}{7}$(배)

11 $\dfrac{7}{11} \div \dfrac{2}{11} = 7 \div 2 = \dfrac{7}{2} = 3\dfrac{1}{2}$

$\dfrac{9}{11} \div \dfrac{4}{11} = 9 \div 4 = \dfrac{9}{4} = 2\dfrac{1}{4}$

13 $\dfrac{12}{13} \div \dfrac{4}{13} = 12 \div 4 = 3$

14 $4\dfrac{1}{5} \div \dfrac{1}{10} = \dfrac{21}{5} \div \dfrac{1}{10} = \dfrac{21}{\underset{1}{5}} \times \overset{2}{10} = 42$
　➡ $40 < 42$

15 $12 \div \dfrac{2}{3} = \overset{6}{12} \times \dfrac{3}{\underset{1}{2}} = 18$(개)

16 $6 \div \dfrac{3}{10} = 6 \times \dfrac{\overset{2}{10}}{\underset{1}{3}} = 20$

$\bigcirc \ 7 \div \dfrac{14}{15} = \overset{1}{7} \times \dfrac{15}{\underset{2}{14}} = \dfrac{15}{2} = 7\dfrac{1}{2}$

$\bigcirc \ 8 \div \dfrac{2}{5} = \overset{4}{8} \times \dfrac{5}{\underset{1}{2}} = 20$

17 $3 \div \clubsuit = \dfrac{4}{5}$

$\rightarrow \clubsuit = 3 \div \dfrac{4}{5} = 3 \times \dfrac{5}{4} = \dfrac{15}{4} = 3\dfrac{3}{4}$

18 $\dfrac{11}{12} \div \dfrac{3}{8} = \dfrac{11}{\underset{3}{12}} \times \dfrac{\overset{2}{8}}{3} = \dfrac{22}{9} = 2\dfrac{4}{9}$

$\square < 2\dfrac{4}{9}$ 이므로 $\square$ 안에 들어갈 수 있는 자연수는 1, 2입니다.

19 ㉮ $\dfrac{5}{6} \div \dfrac{5}{7} = \dfrac{\overset{1}{5}}{6} \times \dfrac{7}{\underset{1}{5}} = \dfrac{7}{6} = 1\dfrac{1}{6}$

㉮ $\div$ ㉯ $= 1\dfrac{1}{6} \div \dfrac{2}{3} = \dfrac{7}{6} \div \dfrac{2}{3} = \dfrac{7}{\underset{2}{6}} \times \dfrac{\overset{1}{3}}{2}$

$= \dfrac{7}{4} = 1\dfrac{3}{4}$(배)

다른 풀이

㉮ $\div$ ㉯ $= \dfrac{5}{6} \div \dfrac{5}{7} \div \dfrac{2}{3} = \dfrac{\overset{1}{5}}{\underset{2}{6}} \times \dfrac{7}{\underset{1}{5}} \times \dfrac{\overset{1}{3}}{2}$

$= \dfrac{7}{4} = 1\dfrac{3}{4}$(배)

20 삼각형의 높이를 $\square$ cm라 하면

$2\dfrac{1}{2} \times \square \div 2 = 6\dfrac{3}{4}$입니다.

$2\dfrac{1}{2} \times \square = 6\dfrac{3}{4} \times 2, \ 2\dfrac{1}{2} \times \square = 13\dfrac{1}{2},$

$\square = 13\dfrac{1}{2} \div 2\dfrac{1}{2} = 5\dfrac{2}{5}$

2회 대표유형·기출문제 7~9쪽

대표유형 ① 43 / 10

대표유형 ② 2.6, 34, 102, 2.6 / 2.6

대표유형 ③ (왼쪽부터) 2, 3.2, 2, 3.2 / 2명, 3.2 m

1 10, 51　　**2** 24, 24, 15

3
$$0.8\,)\overline{\,5.6\,}\ \ ^{7}$$
$$\underline{5\ 6}$$
$$0$$

4
$$1.9\,)\overline{\,5.1\,3\,}\ \ ^{2.7}$$
$$\underline{3\ 8}$$
$$1\ 3\ 3$$
$$\underline{1\ 3\ 3}$$
$$0$$

5 $158 \div 3.16 = \dfrac{15800}{100} \div \dfrac{316}{100}$
$= 15800 \div 316 = 50$

6 7　　**7** 350

8 8, 80, 800　　**9** ㉡

10 4.2

11 $15.3 \div 0.9 = 17$, 17개

12 ㉠

13 19, 30.5

14 $7.65 \div 2.55 = 3$, 3 cm

15 예 **방법 1** $20.1 - 3 - 3 - 3 - 3 - 3 - 3$
$= 2.1$ / 6개, 2.1 kg

방법 2
$$3\,)\overline{\,2\,0\,1\,}\ \ ^{6}$$
$$\underline{1\ 8}$$
$$2.1$$ / 6개, 2.1 kg

16 ㉡　　**17** 0.02

18 31.6, 0.4, 79

19 8일

20 8, 6, 5, 1, 4 / 6.18

풀이

1 나누는 수와 나누어지는 수가 똑같이 10배가 되면 몫은 변하지 않습니다.

2 (자연수)÷(소수)는 분수의 나눗셈으로 바꾸어 계산할 수 있습니다.

5 $158 \div 3.16$을 분모가 100인 분수로 바꾸어 계산합니다.

6
$$\begin{array}{r} 7 \\ 2.5{\overline{\smash{\big)}\,175{.}5}} \\ \underline{175} \\ 0 \end{array}$$

7 $315 > 0.9$

➡
$$\begin{array}{r} 350 \\ 0.9{\overline{\smash{\big)}\,315{.}0}} \\ \underline{27} \\ 45 \\ \underline{45} \\ 0 \end{array}$$

8 나누어지는 수는 그대로이고 나누는 수가 $\frac{1}{10}$배씩 되면 몫은 10배씩 됩니다.

9 ㉠
$$\begin{array}{r} 5.4 \\ 3.2{\overline{\smash{\big)}\,17{.}28}} \\ \underline{160} \\ 128 \\ \underline{128} \\ 0 \end{array}$$

㉡
$$\begin{array}{r} 8 \\ 4.5{\overline{\smash{\big)}\,36{.}0}} \\ \underline{360} \\ 0 \end{array}$$

10 $12.5 \div 3 = 4.16 \cdots$ ➡ 4.2

11
$$\begin{array}{r} 17 \\ 0.9{\overline{\smash{\big)}\,15{.}3}} \\ \underline{9} \\ 63 \\ \underline{63} \\ 0 \end{array}$$

따라서 필요한 상자는 17개입니다.

12 ㉠ $14.16 \div 4.72 = 3$
➡ $3 < 3.8$
따라서 크기가 더 작은 것은 ㉠입니다.

13
$$\begin{array}{r} 19 \\ 40{\overline{\smash{\big)}\,790{.}5}} \\ \underline{40} \\ 390 \\ \underline{360} \\ 30.5 \end{array}$$

➡ 꿀 790.5 g으로 꿀물을 최대 19컵 만들 수 있고 꿀은 30.5 g 남습니다.

14 (가로)=(직사각형의 넓이)÷(세로)
$= 7.65 \div 2.55 = 3$ (cm)

> **참고**
>
> (직사각형의 넓이)=(가로)×(세로)
> ➡ (가로)=(직사각형의 넓이)÷(세로)

15 남는 소금의 양을 구하는 방법에는 20.1에서 3씩 덜어 내는 방법과 $20.1 \div 3$의 몫을 일의 자리까지만 계산하는 방법이 있습니다.

16 나누는 수가 나누어지는 수보다 크면 몫은 1보다 작습니다.
㉠ $36.4 \div 18.2$ ➡ $36.4 > 18.2$ (×)
㉡ $9.09 \div 10.1$ ➡ $9.09 < 10.1$ (○)
㉢ $4.16 \div 3.2$ ➡ $4.16 > 3.2$ (×)

> **다른 풀이**
>
> 계산 결과를 구해 1과 비교합니다.
> ㉠ $36.4 \div 18.2 = 2$ ㉡ $9.09 \div 10.1 = 0.9$
> ㉢ $4.16 \div 3.2 = 1.3$
> 따라서 계산 결과가 1보다 작은 것은 ㉡입니다.

17 $78.1 \div 1.2 = 65.083 \cdots$
몫을 반올림하여 소수 첫째 자리까지 나타낸 값: $65.08 \cdots$ ➡ 65.1
몫을 반올림하여 소수 둘째 자리까지 나타낸 값: $65.083 \cdots$ ➡ 65.08
따라서 $65.1 - 65.08 = 0.02$입니다.

18 나눗셈에서 나누는 수와 나누어지는 수에 같은 수를 곱하면 몫은 변하지 않습니다.

19 200 cm=2 m
$$\begin{array}{r} 7 \\ 2{\overline{\smash{\big)}\,15{.}4}} \\ \underline{14} \\ 1.4 \end{array}$$

하루에 밧줄을 200 cm씩 7일 동안 만들면 1.4 m가 남습니다. 따라서 밧줄을 다 만드는 데 적어도 8일이 걸립니다.

20 (가장 큰 수)÷(가장 작은 수)일 때 몫이 가장 큽니다.
$8.65 \div 1.4 = 6.178 \cdots$ ➡ 6.18

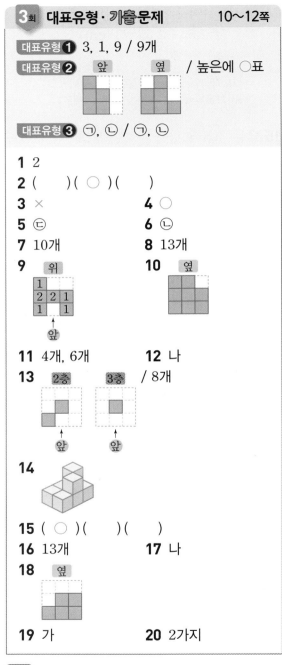

3회 대표유형 · 기출문제　　10~12쪽

대표유형 ❶ 3, 1, 9 / 9개

대표유형 ❷　앞　　　옆　　/ 높은에 ○표

대표유형 ❸ ㉠, ㉡ / ㉠, ㉡

1 2
2 (　　)(○)(　　)
3 ×　　　　　　**4** ○
5 ㉢　　　　　　**6** ㉡
7 10개　　　　　**8** 13개
9　위
　　　　　　　　10　옆

11 4개, 6개　　　**12** 나
13　2층　　3층　　/ 8개

14

15 (○)(　　)(　　)
16 13개　　　　　**17** 나
18　옆

19 가　　　　　　**20** 2가지

풀이

1　위

➡ ㉠ 자리에 쌓인 쌓기나무는 2개입니다.

2 위에서 보면 뒤쪽에 숨겨진 쌓기나무가 없습니다. 따라서 앞에서 본 모양은 가운데 모양입니다.

3 왼쪽 모양을 돌리거나 뒤집어도 오른쪽과 같은 모양이 나오지 않습니다. 따라서 두 모양은 서로 다른 모양입니다.

4
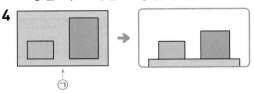

따라서 ㉠에서 찍은 사진이 맞습니다.

5 나무가 등대의 오른쪽에 있으므로 ㉢에서 찍은 사진입니다.

6 나무가 등대에 가려져 보이지 않으므로 ㉡에서 찍은 사진입니다.

7 1층: 6개, 2층: 3개, 3층: 1개
➡ 6+3+1=10(개)

8 1층: 8개, 2층: 4개, 3층: 1개
➡ 8+4+1=13(개)

10 옆에서 보았을 때 각 줄의 가장 높은 층의 모양과 같게 그립니다.

> **참고**
> 쌓기나무를 앞에서 본 모양은 다음과 같습니다.
>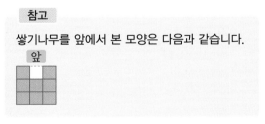
> 앞

11 각각 쌓기나무 8개로 쌓은 모양이므로 뒤쪽에 숨겨진 쌓기나무는 없습니다.

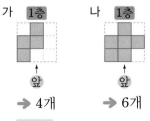

가　1층　　　나　1층

➡ 4개　　　➡ 6개

> **주의**
> 뒤쪽에 숨겨진 쌓기나무가 있으면 쌓은 쌓기나무의 수는 8개가 넘습니다.

12 가

13 1층: 5개, 2층: 2개, 3층: 1개
➡ 5＋2＋1＝8(개)

14

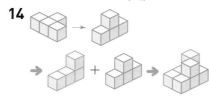

15 쌓기나무로 쌓은 모양을 위, 앞, 옆에서 본 모양을 보고 위에서 본 모양에 수를 쓰면 왼쪽과 같습니다.

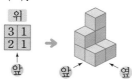

16 필요한 쌓기나무가 가장 적은 경우는 뒤쪽에 숨겨진 쌓기나무가 없는 경우입니다.
1층: 6개, 2층: 5개, 3층: 2개
➡ 6＋5＋2＝13(개)
따라서 주어진 모양과 똑같이 쌓는 데 필요한 쌓기나무가 가장 적을 때는 13개입니다.

17 1층 모양에서 쌓기나무가 놓여진 위에 2층 쌓기나무를 놓을 수 있습니다. 따라서 2층으로 가능한 모양은 나입니다.

18 앞에서 본 모양을 보면 ○ 부분은 쌓기나무가 2개, △ 부분은 쌓기나무가 1개입니다.

19 다는 위, 옆에서 본 모양은 같지만 앞에서 본 모양이 다릅니다.

20

 ➡ 2가지

따라서 민서가 만들 수 있는 서로 다른 모양은 모두 2가지입니다.

---

1 2, 1, 2　　**2** 8개　　**3** 3　　**4** 3400

5 $\dfrac{7}{9} \div \dfrac{4}{9} = 7 \div 4 = \dfrac{7}{4} = 1\dfrac{3}{4}$

6 $4\dfrac{4}{5}$　　**7** 8　　**8** ㉠　　**9** 9개

10 1.5÷0.3＝5, 5개

11

12 27÷4.5＝6, 6개

13 1.73　　　　　**14** ㉡

15

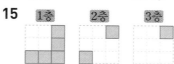

16 (모범 답안) ❶ 나눗셈식에서 나누는 수와 나누어지는 수에 같은 수를 곱하여도 몫은 변하지 않습니다.
❷ 2.84와 0.02에 각각 100을 곱하면 284와 2이므로 2.84÷0.02＝142입니다. ➡ ㉠＝142　　　　　(답) 142

17 ＞　　　　　　　**18** $2\dfrac{2}{3}$

19 $\dfrac{2}{3}$　　　　　　**20** 8자루, 9.5 kg

21 (　)(○)(　)

22 14일　　　　　**23** ②, ④

24 $\dfrac{7}{40}$　　　　　**25** ✕ ⋮

26 7배　　**27** $2\dfrac{2}{5}$ L　　**28** $4\dfrac{2}{5}$ cm

29 (모범 답안) ❶ 어떤 수를 □라 하여 잘못 계산한 식을 세우면 □×3.4＝217.6입니다.
❷ □＝217.6÷3.4, □＝64
❸ 64÷4.3＝14.88…… ➡ 14.9
(답) 14.9

30 14개

풀이

1 위에서 본 모양에서 각 자리에 쌓인 쌓기나무의 수를 알아봅니다.

2 $3+2+1+2=8$(개)

3 $\dfrac{9}{14} \div \dfrac{3}{14} = 9 \div 3 = 3$

4 나누는 수가 같을 때 나누어지는 수가 10배가 되면 몫도 10배가 됩니다.

6 $4 \div \dfrac{5}{6} = 4 \times \dfrac{6}{5} = \dfrac{24}{5} = 4\dfrac{4}{5}$

7 $4 > 0.5$ ➡ $4 \div 0.5 = 8$

8 사진에서 사각형 모양의 한가운데에 공이 있으므로 ㉠ 방향에서 찍은 사진입니다.

9 1층: 5개, 2층: 3개, 3층: 1개
➡ $5+3+1=9$(개)

10 (필요한 컵의 수)
$\quad$ = (우유 전체의 양)
$\qquad \div$ (컵 한 개에 담는 우유의 양)
$\quad = 1.5 \div 0.3 = 5$(개)

12 (만들 수 있는 빵의 수)
$\quad$ = (설탕 전체의 양)
$\qquad \div$ (빵 1개를 만드는 데 필요한 설탕의 양)
$\quad = 27 \div 4.5 = 6$(개)

13 $5.2 \div 3 = 1.733\cdots$ ➡ 1.73

14 ㉠ $\dfrac{3}{4} \div \dfrac{3}{8} = \dfrac{\overset{1}{\cancel{3}}}{\underset{1}{\cancel{4}}} \times \dfrac{\overset{2}{\cancel{8}}}{\underset{1}{\cancel{3}}} = 2$ ➡ $2 < 2\dfrac{1}{2}$

16

채점 기준		
❶ 나누는 수와 나누어지는 수에 같은 수를 곱하여도 몫은 변하지 않음을 앎.	2점	3점
❷ ㉠에 알맞은 수를 구함.	1점	

17 $62 \div 7 = 8.8\cdots$ → 9 ➡ $9 > 8$

18 평행사변형의 밑변을 $\square$ m라 하면

$\square \times \dfrac{3}{4} = 2$, $\square = 2 \div \dfrac{3}{4} = 2 \times \dfrac{4}{3} = \dfrac{8}{3} = 2\dfrac{2}{3}$

참고

(평행사변형의 넓이) = (밑변) × (높이)
➡ (밑변) = (평행사변형의 넓이) ÷ (높이)

19 $\dfrac{4}{5} \div \dfrac{2}{3} = \dfrac{\overset{2}{\cancel{4}}}{5} \times \dfrac{3}{\underset{1}{\cancel{2}}} = \dfrac{6}{5} = 1\dfrac{1}{5}$ ➡ ▲ $= 1\dfrac{1}{5}$

$\quad$ ▲ $\div \dfrac{9}{5} = 1\dfrac{1}{5} \div \dfrac{9}{5} = \dfrac{6}{5} \div \dfrac{9}{5}$

$\qquad = \dfrac{\overset{2}{\cancel{6}}}{5} \times \dfrac{\overset{1}{\cancel{5}}}{\underset{3}{\cancel{9}}} = \dfrac{2}{3}$ ➡ ■ $= \dfrac{2}{3}$

20
$$14\,\overline{)\,121.5}$$
$$\underline{112}$$
$$9.5$$
몫: 8

➡ 밀가루를 8자루에 담을 수 있고 남는 밀가루는 9.5 kg입니다.

21 쌓기나무가 [2][3][2][1] 모양으로 쌓여 있는 모양입니다.

22
$$18\,\overline{)\,243.2}$$
몫: 13
$$\underline{18}$$
$$63$$
$$\underline{54}$$
$$9.2$$

➡ 하루에 18 km씩 13일을 걸으면 9.2 km가 남으므로 14일이 걸립니다.

23 ② 주어진 모양에 쌓기나무를 붙여서 만들 수 있는 모양이 아닙니다.
④ 주어진 모양에 쌓기나무 2개를 더 붙여서 만들 수 있는 모양입니다.

24 $\dfrac{7}{12} \div 1\dfrac{1}{4} = \dfrac{7}{12} \div \dfrac{5}{4} = \dfrac{7}{\underset{3}{\cancel{12}}} \times \dfrac{\overset{1}{\cancel{4}}}{5} = \dfrac{7}{15}$

$\quad \dfrac{7}{15} = \square \times 2\dfrac{2}{3}$

➡ $\square = \dfrac{7}{15} \div 2\dfrac{2}{3} = \dfrac{7}{15} \div \dfrac{8}{3}$

$\qquad = \dfrac{7}{\underset{5}{\cancel{15}}} \times \dfrac{\overset{1}{\cancel{3}}}{8} = \dfrac{7}{40}$

26 580 g＝0.58 kg ➡ 4.06÷0.58＝7(배)

27 처음에 산 우유의 양을 1이라 하면 마시고

남은 우유는 전체의 $1-\dfrac{3}{4}=\dfrac{1}{4}$입니다.

처음에 산 우유의 양을 □ L라 하면

$\square \times \dfrac{1}{4}=\dfrac{3}{5}$입니다.

$\square=\dfrac{3}{5} \div \dfrac{1}{4}=\dfrac{3}{5} \times 4=\dfrac{12}{5}=2\dfrac{2}{5}$

따라서 은정이가 산 우유는 $2\dfrac{2}{5}$ L입니다.

> **다른 풀이**
>
> 처음에 산 우유 전체의 양을 □ L라 하면
>
> $\square \times \dfrac{3}{4}=\square-\dfrac{3}{5}$ ➡ $\square \times \dfrac{1}{4}=\dfrac{3}{5}$,
>
> $\square=\dfrac{3}{5} \times 4=\dfrac{12}{5}=2\dfrac{2}{5}$ (L)입니다.

28 삼각형의 높이를 □ cm라 하면

$8\dfrac{1}{2} \times \square \times \dfrac{1}{2}=18\dfrac{7}{10}$입니다.

$\square=18\dfrac{7}{10} \div \dfrac{1}{2} \div 8\dfrac{1}{2}=\dfrac{187}{10} \div \dfrac{1}{2} \div \dfrac{17}{2}$

$=\dfrac{\overset{11}{\cancel{187}}}{\underset{5}{\cancel{10}}} \times \overset{1}{\cancel{2}} \times \dfrac{2}{\underset{1}{\cancel{17}}}=\dfrac{22}{5}=4\dfrac{2}{5}$

따라서 삼각형의 높이는 $4\dfrac{2}{5}$ cm입니다.

29

채점 기준		
❶ 어떤 수를 구하는 식을 세움.	1점	
❷ 어떤 수를 구함.	1점	4점
❸ 바르게 계산했을 때의 몫을 반올림하여 소수 첫째 자리까지 구함.	2점	

30 주어진 모양을 쌓는 데 사용한 쌓기나무는
1층: 5개, 2층: 5개, 3층: 3개이므로 모두
5＋5＋3＝13(개)입니다.
(만들 수 있는 가장 작은 정육면체의 쌓기
나무의 수)＝3×3×3＝27(개)
➡ (더 필요한 쌓기나무의 수)
　＝27－13＝14(개)

---

1 2, 2, $4\dfrac{1}{2}$　　**2** 5개　　　**3** 7개

4 (　)(○)　　　　　**5** 7

6 (위에서부터) 100, 8, 42, 42

7 $3\dfrac{8}{9}$

8 $\dfrac{4}{7} \div \dfrac{6}{11}=\dfrac{\cancel{4}}{7} \times \dfrac{11}{\underset{3}{\cancel{6}}}\overset{2}{}=\dfrac{22}{21}=1\dfrac{1}{21}$

9 (　)(○)(　)　　**10** ㉡, 1.9

11 $3 \div \dfrac{1}{5}=15$, 15개

12 ③　　　　　　　**13** ＜

14

$$18 \overline{\smash{)}15\,1.2} \quad / \; 8,\, 7.2$$
$$\underline{1\,4\,4}$$
$$7.2$$

15 6

16 $\dfrac{9}{13} \div \dfrac{8}{13}=1\dfrac{1}{8}$, $1\dfrac{1}{8}$배

17 ㉢　　　　**18** 500, 200　**19** ㉡

20 36.4÷18.2＝2, 2시간

21 ㉡　　　　　　　**22** 1.13배

23

24 모범 답안 ❶ (컴퓨터를 조립하려는 시간)
　　　＝9×3＝27(시간)

❷ (조립할 수 있는 컴퓨터의 수)

$=27 \div 2\dfrac{1}{4}=27 \div \dfrac{9}{4}=\overset{3}{\cancel{27}} \times \dfrac{4}{\underset{1}{\cancel{9}}}$

$=12$(대)　　　　　　**답** 12대

25 ㉠　　　　　**26** 17봉지, 2.2 kg

27

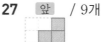 / 9개

28 ㉠, ㉢

29 [모범 답안] ❶ (세로)
$$=(\text{직사각형의 넓이}) \div (\text{가로})$$
$$=3 \div 2\frac{1}{4} = 3 \div \frac{9}{4}$$
$$=\overset{1}{\cancel{3}} \times \frac{4}{\underset{3}{\cancel{9}}} = \frac{4}{3} = 1\frac{1}{3} \ (\text{m})$$

❷ ➡ $2\frac{1}{4} - 1\frac{1}{3} = 2\frac{3}{12} - 1\frac{4}{12}$
$$= 1\frac{15}{12} - 1\frac{4}{12}$$
$$= \frac{11}{12} \ (\text{m})$$

답 $\frac{11}{12}$ m

30 14개

풀이

2 위에서 본 모양의 칸수: 5칸 ➡ 5개

3 1층: 5개, 2층: 1개, 3층: 1개
➡ 5+1+1=7(개)

4 주어진 모양에 쌓기나무 1개를 더 붙여서 모양을 만든 후 돌리거나 뒤집으면서 같은 모양을 찾습니다.

5 $\frac{7}{9} \div \frac{1}{9} = 7 \div 1 = 7$

7 $2\frac{2}{9} \div \frac{4}{7} = \frac{20}{9} \times \frac{7}{\underset{1}{\cancel{4}}} = \frac{35}{9} = 3\frac{8}{9}$

9 가장 왼쪽 모양은 앞에서 본 모양과 같습니다.

10 ㉡
$$\begin{array}{r} 1.9 \\ 2.7{\overline{\smash{)}\,5.1\,3}} \\ \underline{2\ 7} \\ 2\ 4\ 3 \\ \underline{2\ 4\ 3} \\ 0 \end{array}$$

11 $3 \div \frac{1}{5} = 3 \times 5 = 15$(개)

12 2.24와 0.16에 똑같이 10배, 100배를 하여 나눗셈을 계산하면 2.24÷0.16과 몫이 같습니다.

13 $\frac{2}{3} \div \frac{14}{15} = \frac{\overset{1}{\cancel{2}}}{3} \times \frac{\overset{5}{\cancel{15}}}{\underset{7}{\cancel{14}}} = \frac{5}{7}$ ➡ $\frac{4}{7} < \frac{5}{7}$

15 가장 큰 수: $4\frac{2}{3}$, 가장 작은 수: $\frac{7}{9}$

➡ $4\frac{2}{3} \div \frac{7}{9} = \frac{14}{3} \div \frac{7}{9} = \frac{\overset{2}{\cancel{14}}}{3} \times \frac{\overset{3}{\cancel{9}}}{\underset{1}{\cancel{7}}} = 6$

16 $\frac{9}{13} \div \frac{8}{13} = 9 \div 8 = \frac{9}{8} = 1\frac{1}{8}$(배)

17 1층으로 가능한 모양을 찾아보면 ㉡과 ㉢입니다.
이중 2층 모양으로 가능한 모양은 ㉢이므로 쌓은 모양은 ㉢입니다.

18 • 225÷0.45=500 ➡ ㉠=500
• 320÷1.6=200 ➡ ㉡=200

19 나누어지는 수가 나누는 수보다 클 때 몫이 1보다 큽니다.

> **다른 풀이**
> ㉠ 1.52÷1.9=0.8   ㉡ 7.38÷2.46=3
> ➡ 몫이 1보다 큰 것은 ㉡입니다.

20 (걸리는 시간)
$$=(\text{전체 거리}) \div (\text{1시간에 달리는 거리})$$
$$=36.4 \div 18.2 = 2(\text{시간})$$

21 ㉠ 10.4÷3=3.4\underline{6}····· ➡ 3.5
㉡ 24.1÷7=3.4\underline{4}····· ➡ 3.4
따라서 반올림하여 소수 첫째 자리까지 나타냈을 때 소수 첫째 자리 숫자가 4인 것은 ㉡입니다.

22 1040 cm=10.4 m
➡ 10.4÷9.17=1.13\underline{4}····· ➡ 1.13배

23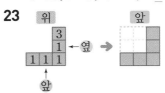

24 **채점 기준**

❶ 컴퓨터를 조립하려는 시간을 구함.	1점	4점
❷ 조립할 수 있는 컴퓨터의 수를 구함.	3점	

25 옆에서 본 모양은 각각 다음과 같습니다.

26 (전체 보리의 양)$=20.2\times6=121.2$ (kg)

$$
\begin{array}{r}
1\ 7 \\
7\overline{)1\ 2\ 1.2} \\
\underline{7} \\
5\ 1 \\
\underline{4\ 9} \\
2.2
\end{array}
$$

➜ 팔 수 있는 보리는 17자루이고, 남는 보리는 2.2 kg입니다.

27 쌓기나무를 층별로 나타낸 모양에서 1층 모양의 ○ 부분은 2층까지, △ 부분은 3층까지 있습니다.

➜ (필요한 쌓기나무의 수)$=6+2+1=9$(개)

28

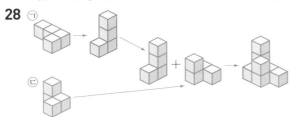

29

채점 기준		
❶ 직사각형의 세로의 길이를 구함.	3점	4점
❷ 직사각형의 가로와 세로의 길이의 차를 구함.	1점	

30

○ 자리에는 1개, 2개, 3개를 쌓을 수 있고 ○ 자리에는 1개, 2개를 쌓을 수 있습니다.
쌓기나무를 될 수 있는 대로 많이 사용하였으므로 ○ 자리에 3개, ○ 자리에 2개를 쌓은 것입니다.

➜ (필요한 쌓기나무의 수)
$=1+3+3+2+2+3=14$(개)

대표유형❶ 2, 12, 12 / 12
대표유형❷ 3, 5 / 2 : 5
대표유형❸ 36, 180, 20 / 20
대표유형❹ 3, 3, 12 / 12개

1 2, 5 **2** 5, 5, 5, 4, 3
3 2, 21
4 (왼쪽에서부터) 3, 7, 36 / 3, $\dfrac{4}{7}$, 48
5 20, 35 **6** 4
7 예) 8 : 27 **8** 56, 64
9 예) 8 : 5 **10** 210 mm
11 ㉢ **12** 25명
13 다 **14** 60 cm²
15 예) 72 : 12$=108$: □, 18 kg
16 ㉠ **17** 예) 13 : 6
18 예) 1 : 2$=$3 : 6 **19** 15, 15, 25
20 320 cm²

풀이

1 비의 전항과 후항에 0이 아닌 같은 수를 곱하여도 비율은 같습니다.

3 비례식에서 바깥쪽에 있는 두 항을 외항, 안쪽에 있는 두 항을 내항이라고 합니다.

5 4 : 7의 비율은 $\dfrac{4}{7}$입니다.

비율을 알아보면 4 : 3 ➜ $\dfrac{4}{3}$,

16 : 14 ➜ $\dfrac{16}{14}\left(=\dfrac{8}{7}\right)$,

20 : 35 ➜ $\dfrac{20}{35}\left(=\dfrac{4}{7}\right)$입니다.

비례식은 4 : 7$=$20 : 35입니다.

6 □$\times12=3\times16$, □$\times12=48$, □$=4$

7 $\dfrac{4}{5}$: 2.7 ➜ 0.8 : 2.7
➜ $(0.8\times10) : (2.7\times10)$
➜ 8 : 27

8 $120 \times \dfrac{7}{7+8} = 120 \times \dfrac{7}{15} = 56$ (cm),

$120 \times \dfrac{8}{7+8} = 120 \times \dfrac{8}{15} = 64$ (cm)

9 ㉯에 대한 ㉮의 비율은 $\dfrac{㉮}{㉯} = 1\dfrac{3}{5} = \dfrac{8}{5}$이

므로 ㉮ : ㉯=8 : 5입니다.

10 70 : 99에서 후항에 3을 곱하면 297이 되므로 전항에도 3을 곱합니다.

70 : 99 ➡ (70×3) : (99×3)

➡ 210 : 297

따라서 A4용지의 가로는 210 mm입니다.

11 ㉠과 ㉢은 비례식이 아닙니다.

외항의 곱과 내항의 곱이 같은 비례식을 찾습니다.

㉡ 4×4=16, 5×5=25 (×)

㉢ 2×4=8, 8×1=8 (○)

12 (참가한 여학생 수)$=35 \times \dfrac{5}{2+5}$

$=35 \times \dfrac{5}{7} = 25$(명)

13 가 10 : 5 ➡ 2 : 1, 나 5 : 3,

다 15 : 6 ➡ 5 : 2

가로와 세로의 비가 5 : 2인 직사각형은 다입니다.

14 나누어진 종이 조각 중 더 넓은 것은 전체 종이 넓이의 $\dfrac{5}{5+4}$입니다.

➡ $108 \times \dfrac{5}{5+4} = 108 \times \dfrac{5}{9} = 60$ (cm²)

15 72 : 12=108 : □

➡ 72×□=12×108, 72×□=1296,

□=18

다른 풀이

72 : 108=12 : □

➡ 72×□=108×12, 72×□=1296,

□=18

16 ㉠ $1\dfrac{3}{4} \times 4 = 2\dfrac{1}{3} \times □$, $2\dfrac{1}{3} \times □=7$,

□=3

㉡ 2.1×12=□×7, □×7=25.2,

□=3.6

➡ 3<3.6

17 ㉠$\times \dfrac{3}{5}$=㉡×1.3이므로

$㉠ \times \dfrac{3}{5}$

㉠ : ㉡=1.3 : $\dfrac{3}{5}$입니다.

㉡×1.3

1.3 : $\dfrac{3}{5}$ ➡ 1.3 : 0.6

➡ (1.3×10) : (0.6×10) ➡ 13 : 6

18 3 : 6=1 : 2 또는 1 : 3=2 : 6 또는

2 : 6=1 : 3 등 1, 2, 3, 6으로 외항의 곱과 내항의 곱이 같은 비례식을 만듭니다.

19 9 : ㉠=㉡ : ㉢에서 9 : ㉠의 비율이 $\dfrac{3}{5}$이

므로 $\dfrac{9}{㉠} = \dfrac{3}{5}$, ㉠=15입니다.

9 : 15=㉡ : ㉢에서 내항의 곱이 225이므로 15×㉡=225, ㉡=15입니다.

9 : 15=15 : ㉢에서 15 : ㉢의 비율이 $\dfrac{3}{5}$

이므로 $\dfrac{15}{㉢} = \dfrac{3}{5}$, ㉢=25입니다.

조건에 맞는 비례식은 9 : 15=15 : 25입니다.

20 ㉠의 길이를 □cm라 하고 비례식을 세우면

$2\dfrac{1}{2}$: 4=□ : 32입니다.

$4 \times □ = 2\dfrac{1}{2} \times 32$, 4×□=80, □=20

➡ (삼각형의 넓이)=㉡×㉠÷2

=32×20÷2

=320 (cm²)

대표유형 **1**　14, 3.1, 43.4 / 43.4 cm

대표유형 **2**　8, 8, 3.14, 200.96
　　　　　／ 200.96 cm^2

대표유형 **3**　251.1, 3.1, 27.9,
　　　　　251.1, 27.9, 223.2
　　　　　／ 223.2 cm^2

1　원주　　　　　　**2**　(　) (○)
3　8, 24.8　　　　**4**　×
5　4, 4, 48　　　**6**　43.4 cm
7　$18 \div 3 = 6$, 6 cm
8　3.1, 3.14　　　**9**　254.34 cm^2
10　47.1 cm
11　(왼쪽에서부터) 3, 9
12　12 cm
13　144, 192 / 예 168 cm^2
14　375.1 cm^2　　**15**　37.68 cm
16　ⓒ　　　　　**17**　452.16 cm^2
18　37.2 cm　　　**19**　44.1 cm^2
20　78.5 cm^2

풀이

1　(원주율)＝(원주)÷(지름)

2　(원주율)＝(원주)÷(지름)이므로
　　(지름)＝(원주)÷(원주율)입니다.

3　(원주)＝(지름)×(원주율)
　　　　　＝8×3.1
　　　　　＝24.8 (cm)

4　원의 크기에 상관없이 원주율은 항상 일정합니다.

5　(원의 넓이)
　　＝(반지름)×(반지름)×(원주율)
　　＝$4 \times 4 \times 3$
　　＝48 (cm^2)

6　(원주)＝(반지름)×2×(원주율)
　　　　　＝$7 \times 2 \times 3.1$
　　　　　＝43.4 (cm)

7　(지름)＝(원주)÷(원주율)
　　　　　＝$18 \div 3$
　　　　　＝6 (cm)

8　(원주율)＝(원주)÷(지름)
　　　　　＝$53.4 \div 17$
　　　　　＝$3.141\cdots$
　　반올림하여 소수 첫째 자리까지 나타내기:
　　$3.14\cdots$ ➔ 3.1
　　반올림하여 소수 둘째 자리까지 나타내기:
　　$3.141\cdots$ ➔ 3.14

9　(반지름)＝$18 \div 2$
　　　　　＝9 (cm)
　　(원의 넓이)＝$9 \times 9 \times 3.14$
　　　　　　　＝254.34 (cm^2)

10　바퀴가 굴러간 길이는 바퀴의 원주와 같습니다.
　　➔ (원주)＝$15 \times 3.14 = 47.1$ (cm)

11　(직사각형의 가로)
　　＝(원주)×$\dfrac{1}{2}$
　　＝$3 \times 2 \times 3 \times \dfrac{1}{2} = 9$ (cm)
　　(직사각형의 세로)＝(반지름)＝3 cm

12　길이가 37.2 cm인 색 테이프로 원을 만들었으므로 원주는 37.2 cm입니다.
　　(지름)＝(원주)÷(원주율)
　　　　　＝$37.2 \div 3.1$
　　　　　＝12 (cm)

13　(원 밖에 있는 정육각형의 넓이)
　　＝32×6
　　＝192 (cm^2)
　　(원 안에 있는 정육각형의 넓이)
　　＝24×6
　　＝144 (cm^2)
　　➔ 144 cm^2＜(원의 넓이)
　　　(원의 넓이)＜192 cm^2
　　원의 넓이를 144 cm^{2}보다 넓고 192 cm^{2}보다 좁게 어림하면 됩니다.

14 (반지름)=22÷2=11 (cm)
(접시의 넓이)=(원의 넓이)
$\qquad$=11×11×3.1
$\qquad$=375.1 (cm²)

15 (큰 원의 반지름)=(작은 원의 지름)
$\qquad$=6 cm
(큰 원의 원주)=(반지름)×2×(원주율)
$\qquad$=6×2×3.14
$\qquad$=37.68 (cm)

16 두 케이크의 높이가 같으므로 지름의 길이
로 케이크의 크기를 비교할 수 있습니다.
ⓒ (지름)=80.6÷3.1=26 (cm)
따라서 지름의 길이가 더 긴 ⓒ의 크기가
더 큽니다.

17 만들 수 있는 가장 큰 원의 지름은 24 cm
입니다.
➡ (가장 큰 원의 넓이)=12×12×3.14
$\qquad$=452.16 (cm²)

참고

직사각형 모양의 종이를 잘라 만들 수 있는 가
장 큰 원의 지름의 길이는 직사각형의 가로와
세로 중 더 짧은 것의 길이와 같습니다.

18 원의 반지름을 □ cm라 하면
□×□×3.1=111.6이므로
□×□=36, □=6입니다.
➡ (원주)=6×2×3.1=37.2 (cm)

19 (남은 부분의 넓이)
=(정사각형의 넓이)−(원의 넓이)
=14×14−7×7×3.1
=196−151.9
=44.1 (cm²)

20 (색칠한 부분의 넓이)
=(반지름이 10 cm인 반원의 넓이)
$\qquad$−(반지름이 5 cm인 원의 넓이)
=10×10×3.14÷2−5×5×3.14
=157−78.5
=78.5 (cm²)

6회 대표유형 · 기출문제 30~32쪽

대표유형 **1** ⓒ, ⓒ, 2 / 2개
대표유형 **2** 2, 24, 6, 24, 6, 144 / 144 cm²
대표유형 **3** 높이, 13, 12 / 13 cm, 12 cm

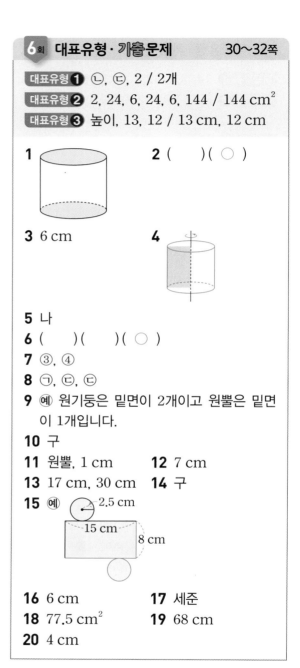

1 [원기둥 그림]

2 ( ) (○)

3 6 cm

4 [원기둥 그림]

5 나

6 ( ) ( ) (○)

7 ③, ④

8 ㉠, ㉡, ㉢

9 예 원기둥은 밑면이 2개이고 원뿔은 밑면
이 1개입니다.

10 구

11 원뿔, 1 cm $\qquad$ **12** 7 cm

13 17 cm, 30 cm $\qquad$ **14** 구

15 예 [그림: 반지름 2.5 cm인 원, 가로 15 cm, 세로 8 cm인 직사각형]

16 6 cm $\qquad$ **17** 세준

18 77.5 cm² $\qquad$ **19** 68 cm

20 4 cm

풀이

1 서로 평행하고 합동인 두 면에 색칠합니다.

2 원뿔의 꼭짓점에서 밑면에 수직인 선분의
길이를 재는 그림을 찾습니다.

3 구의 반지름은 구의 중심에서 구의 겉면의
한 점을 이은 선분입니다.
➡ 12÷2=6 (cm)

5 두 밑면이 합동인 원 모양이고 옆면이 직사각형 모양인 것을 찾습니다.

→ 나

6 구는 위, 앞, 옆의 어느 방향에서 보아도 원 모양입니다.

7 ① 원기둥은 꼭짓점이 없습니다.
② 원기둥의 밑면은 2개입니다.
⑤ 원기둥의 옆면은 굽은 면입니다.

8 원뿔을 위에서 본 모양은 원이고, 앞이나 옆에서 본 모양은 삼각형으로 같습니다.

9 원기둥에는 꼭짓점이 없지만 원뿔에는 꼭짓점이 있습니다.

> **평가 기준**
> 원기둥과 원뿔의 차이점을 바르게 설명하면 정답으로 인정합니다.

10 원기둥: 1개, 원뿔: 2개, 구: 4개
→ 가장 많이 사용한 모양은 구입니다.

11 (원기둥의 높이)＝15 cm,
(원뿔의 높이)＝16 cm
→ 원뿔의 높이가 16－15＝1 (cm) 더 높습니다.

12 반원의 지름은 구의 지름과 같으므로 14 cm입니다.
→ (반원의 반지름)＝14÷2
＝7 (cm)

13

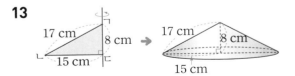

→ (모선의 길이)＝17 cm,
(밑면의 지름)＝15×2
＝30 (cm)

14 • 뾰족한 부분이 없는 입체도형: 원기둥, 구
• 평평한 면이 없는 입체도형: 구
• 어느 방향에서 보아도 모두 원 모양인 입체도형: 구

15 (밑면의 반지름)＝5÷2
＝2.5 (cm)
(옆면의 가로)＝(밑면의 둘레)
＝5×3
＝15 (cm)
(옆면의 세로)＝(높이)＝8 cm

16 밑면의 반지름을 □ cm라 하면
□×2×3.14＝37.68입니다.
□×2＝12, □＝6이므로
밑면의 반지름은 6 cm입니다.

17 영민: 원뿔은 굽은 면이 있지만 각뿔은 굽은 면이 없습니다.
성재: 밑면의 모양이 원뿔은 원이지만 각뿔은 다각형입니다.

18

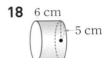

(밑면의 반지름)＝5 cm
→ (입체도형의 한 밑면의 넓이)
＝5×5×3.1
＝77.5 (cm²)

19 원기둥을 앞에서 본 모양은 직사각형입니다. 이 직사각형은 가로가 7×2＝14 (cm), 세로가 20 cm입니다.
→ (직사각형의 둘레)
＝(14＋20)×2
＝68 (cm)

> **참고**
> 원기둥을 앞에서 본 모양의 가로는 원기둥의 밑면의 지름과 길이가 같고, 세로는 원기둥의 높이와 길이가 같습니다.

20 밑면의 지름을 □ cm라 하면
(옆면의 넓이)＝9×□×3.14
＝113.04입니다.
9×□＝36, □＝4이므로
밑면의 지름은 4 cm입니다.

3회 단원 모의고사 33~36쪽

1 9, 22 / 11, 18
2 가, 마
3 10, 3.1, 31
4 선분 ㄱㅁ
5 5 cm
6 (○)( )(○)
7 4 : 5＝16 : 20 또는 16 : 20＝4 : 5
8 80.6 cm
9 ㉢
10 200.96 cm²
11 8
12 (모범 답안) 두 밑면은 합동이지만 옆면이 직사각형이 아니므로 원기둥의 전개도가 아닙니다.
13 108 cm²
14 ㉠, ㉢
15 36 cm
16 4명
17 510개 / 408개
18 (모범 답안) ❶ 정민이의 그림자 길이를 □ m 라 하고 비례식을 세우면
5 : 6.5＝1.4 : □입니다.
❷ 5×□＝6.5×1.4, 5×□＝9.1,
□＝1.82
따라서 정민이의 그림자 길이는 1.82 m 입니다. ❸ 1.82 m
19 ㉡
20 (예) 23 : 5
21 93 cm
22 (예) 8 : 9
23 1200 cm
24 0
25 4
26 96 cm²
27 62.5 cm²
28 1318.8 cm²
29 164 cm²
30 60 cm

풀이

1

$$9 : 11 = 18 : 22$$

외항 / 내항

2 다와 바는 두 원이 합동이 아니고 평행하지 않으므로 원기둥이 아닙니다.

3 (원주)＝(지름)×(원주율)
$$=10×3.1=31 \text{ (cm)}$$

4 원뿔의 꼭짓점에서 밑면에 수직인 선분을 찾습니다.

5 원뿔에서 모선은 원뿔의 꼭짓점과 밑면인 원의 둘레의 한 점을 이은 선분입니다.

6 3 : 4는 두 항에 각각 3을 곱한 9 : 12와 비율이 같고, 두 항에 각각 4를 곱한 12 : 16과 비율이 같습니다.

7 비율이 같은 두 비를 찾으면 4 : 5와 16 : 20입니다.
비례식으로 나타내면 4 : 5＝16 : 20 또는 16 : 20＝4 : 5입니다.

8 (원주)＝(반지름)×2×(원주율)
$$=13×2×3.1$$
$$=80.6 \text{ (cm)}$$

9 ㉠ 원뿔의 밑면은 1개입니다.
㉢ 원뿔의 모선은 무수히 많습니다.

10 (반지름)＝16÷2＝8 (cm)
➜ (원의 넓이)
$$=(반지름)×(반지름)×(원주율)$$
$$=8×8×3.14$$
$$=200.96 \text{ (cm}^2)$$

11 (지름)＝(원주)÷(원주율)
$$=25.12÷3.14=8 \text{ (cm)}$$

12 평가 기준
> 옆면이 직사각형이 아니기 때문에 원기둥의 전개도가 아니라고 설명했으면 정답입니다.

13 (반지름)＝12÷2＝6 (cm)
(원의 넓이)＝6×6×3
$$=108 \text{ (cm}^2)$$

14 ㉡ 구는 어느 방향에서 보아도 원 모양입니다.

15 (직사각형의 가로)＝(밑면의 원주)
$$=6×2×3$$
$$=36 \text{ (cm)}$$

16 36000원으로 3D 만화영화를 관람할 수 있는 어린이 수를 □명이라 하고 비례식을 세우면
7 : 63000＝□ : 36000입니다.
➜ 7×36000＝63000×□,
63000×□＝252000,
□＝4

17 화분 한 개에 국화를 한 포기씩 심으려면 화분은 918개 필요합니다.

$$(\text{둥근 화분의 수}) = 918 \times \frac{5}{5+4}$$
$$= 918 \times \frac{5}{9} = 510(\text{개})$$

$$(\text{네모난 화분의 수}) = 918 \times \frac{4}{5+4}$$
$$= 918 \times \frac{4}{9} = 408(\text{개})$$

18
채점 기준		
❶ □를 이용하여 비례식을 바르게 세움.	2점	4점
❷ 비례식의 성질을 이용하여 □를 구함.	2점	

19 ㉡의 원주를 구하여 비교해 봅니다.
㉠ 28.26 cm
㉡ $5 \times 2 \times 3.14 = 31.4$ (cm)
➡ $28.26 < 31.4$

20 $㉮ \times \frac{1}{2} = ㉯ \times 2.3$이므로

$㉮ : ㉯ = 2.3 : \frac{1}{2}$입니다.

$2.3 : \frac{1}{2} \Rightarrow (2.3 \times 10) : \left(\frac{1}{2} \times 10\right)$

$\Rightarrow 23 : 5$

21 정사각형의 한 변의 길이가 피자의 지름과 같습니다.
➡ $(\text{피자의 원주}) = 30 \times 3.1$
$= 93$ (cm)

22 삼각형과 평행사변형의 높이가 같습니다.
높이를 □ cm라 하면
$(\text{삼각형의 넓이}) = 16 \times □ \div 2$
$= 8 \times □ \ (\text{cm}^2)$,
$(\text{평행사변형의 넓이}) = (9 \times □) \ \text{cm}^2$입니다.
$(\text{삼각형의 넓이}) : (\text{평행사변형의 넓이})$
➡ $8 \times □ : 9 \times □$
➡ $8 : 9$

23 (두 사람 사이의 거리)
$= (\text{훌라후프의 바깥쪽 원주}) \times 4$
$= 50 \times 2 \times 3 \times 4 = 1200$ (cm)

24 ㉠ 2 ㉡ 1 ㉢ 1 ㉣ 0
➡ $(㉠ + ㉡ - ㉢) \times ㉣ = (2 + 1 - 1) \times 0 = 0$

25 $\frac{3}{5} : \frac{★}{7} \Rightarrow \left(\frac{3}{5} \times 35\right) : \left(\frac{★}{7} \times 35\right)$
➡ $21 : (★ \times 5)$
$21 : (★ \times 5)$가 $21 : 20$이므로
$★ \times 5 = 20$, $★ = 4$입니다.

26 돌리기 전의 도형은 밑변의 길이가
$24 \div 2 = 12$ (cm), 높이가 16 cm인 직각삼각형 모양입니다.
➡ $(\text{직각삼각형의 넓이}) = 12 \times 16 \div 2$
$= 96 \ (\text{cm}^2)$

27 (색칠한 부분의 넓이)
$= (\text{정사각형의 넓이})$
$\quad - (\text{반지름이 10 cm인 원의 넓이}) \div 4$
$\quad + (\text{반지름이 5 cm인 원의 넓이}) \div 2$
$= 10 \times 10 - 10 \times 10 \times 3 \div 4 + 5 \times 5 \times 3 \div 2$
$= 100 - 75 + 37.5$
$= 62.5 \ (\text{cm}^2)$

28 페인트가 칠해진 부분의 넓이는 원기둥의 전개도에서 옆면의 넓이의 2배입니다.
➡ (페인트가 칠해진 부분의 넓이)
$= (7 \times 2 \times 3.14 \times 15) \times 2$
$= 659.4 \times 2$
$= 1318.8 \ (\text{cm}^2)$

29 ㉮와 ㉯의 한 변의 길이의 비가 $2 : 5$이므로 ㉮와 ㉯의 넓이의 비는 $(2 \times 2) : (5 \times 5)$
➡ $4 : 25$입니다.
㉮의 넓이를 □ cm^2라 하고 비례식을 세우면 $4 : 25 = □ : 1025$입니다.
➡ $4 \times 1025 = 25 \times □$, $25 \times □ = 4100$,
$□ = 164$

30 $(\text{큰 원의 지름}) = 744 \div 3.1 = 240$ (cm)
$(\text{큰 원의 반지름}) = 240 \div 2 = 120$ (cm)
➡ (작은 원의 반지름)
$= (\text{큰 원의 반지름}) \div 2$
$= 120 \div 2$
$= 60$ (cm)

4회 단원 모의고사　37~40쪽

1 × **2** ㉢

3 지름, 원주율

4 9, 9, 254.34

5 ㉢ **6** 10, 6

7 ②, ④ **8** 예 24 : 11

9 $\dfrac{3}{8}$ **10** 12 cm / 10 cm

11 ㉢ **12** 24, 56

13 (위에서부터) 4, 3.14 / 18, 3.14

14 310 cm²

15 예 6 : 5 **16** 24

17 9 cm

18 예 원기둥은 옆면이 굽은 면이고, 각기둥은 옆면이 평평한 면입니다.

19 ㉢ **20** 80분

21 303.8 cm² **22** 62.8 cm²

23 54 **24** 30 cm

25 2배 **26** 21.7 cm

27 모범 답안 ❶ (지유가 가진 구슬의 수)
=(282+18)÷2=150(개)
❷ (민우가 가진 구슬의 수)
=282-150=132(개)
❸ (지유) : (민우) ➡ 150 : 132
➡ (150÷6) : (132÷6) ➡ 25 : 22
답 예 25 : 22

28 50.85 cm **29** 17명

30 24 cm²

풀이

1
$$3 \times 6 = 18$$
$$3 : 2 = 4 : 6$$
$$2 \times 4 = 8$$
➡ 외항의 곱과 내항의 곱이 다르므로 비례식이 아닙니다.

2 지름을 기준으로 반원 모양의 종이를 돌려 만든 입체도형은 구입니다.

3 (원주율)=(원주)÷(지름)
➡ (지름)=(원주)÷(원주율)

4 (원의 넓이)
=(반지름)×(반지름)×(원주율)

5 ㉠ 선분 ㄱㄴ: 모선
㉡ 선분 ㄱㅁ: 높이
㉢ 선분 ㄴㄹ: 밑면의 지름
㉣ 선분 ㄱㄷ: 모선

6 2 : 5
➡ (2×2) : (5×2) ➡ (2×3) : (5×3)
　　　 4 : 10　　　　　 6 : 15

7 두 밑면이 서로 합동인 원이고 옆면인 직사각형을 기준으로 마주 보고 있어야 하므로 원기둥의 전개도는 ②와 ④입니다.

8 $2\dfrac{2}{5} : 1.1$ ➡ $\dfrac{12}{5} : \dfrac{11}{10}$
➡ $\left(\dfrac{12}{5} \times 10\right) : \left(\dfrac{11}{10} \times 10\right)$
➡ 24 : 11

9 동생은 전체 용돈의 $\dfrac{3}{5+3} = \dfrac{3}{8}$ 을 가지게 됩니다.

10 (밑면의 지름)=6×2=12 (cm)
(모선의 길이)=10 cm

11 ㉠ 밑면의 모양은 원입니다.
㉢ 밑면은 1개 있습니다.
㉣ 꼭짓점은 1개 있습니다.

12 $80 \times \dfrac{3}{3+7} = 80 \times \dfrac{3}{10} = 24$
$80 \times \dfrac{7}{3+7} = 80 \times \dfrac{7}{10} = 56$

13 (원주)÷(지름)을 계산하면 3.14로 일정합니다.

14 (원의 반지름)=20÷2=10 (cm)
➡ (원의 넓이)=10×10×3.1
=310 (cm²)

15 (남학생 수) : (여학생 수) ➡ 180 : 150
➡ (180÷30) : (150÷30) ➡ 6 : 5

16 (직사각형의 가로)

$$=(원주) \times \frac{1}{2} = 8 \times \overset{1}{\cancel{2}} \times 3 \times \frac{1}{\underset{1}{\cancel{2}}}$$

$$=24 \text{ (cm)} \Rightarrow \bigcirc = 24$$

17 (지름) = (원주) ÷ (원주율)

$$=55.8 \div 3.1 = 18 \text{ (cm)}$$

(반지름) = 18 ÷ 2 = 9 (cm)

18 **다른 정답** 원기둥은 밑면이 원이고, 각기둥은 밑면이 다각형입니다.

19 구를 위에서 본 모양은 원입니다.
반지름의 크기를 비교하면
㉠ 5 cm, ㉡ 12÷2=6 (cm), ㉢ 7 cm
이므로 위에서 본 모양이 가장 큰 것은 ㉢입니다.

20 자동차가 120 km를 달리는 데 걸리는 시간을 □분이라 하고 비례식을 세우면
9 : 6 = 120 : □입니다.
9×□=6×120, 9×□=720, □=80
➡ 걸리는 시간은 80분입니다.

21 (색칠한 부분의 넓이)
= (반지름이 14 cm인 반원의 넓이)
= 14 × 14 × 3.1 ÷ 2 = 303.8 (cm²)

22 (붙인 포장지의 넓이)
= (통의 옆면의 넓이)
= (밑면의 원주) × (높이)
= 2 × 2 × 3.14 × 5 = 62.8 (cm²)

23 비례식에서 외항의 곱과 내항의 곱은 같습니다.
㉮×㉯=270이므로 5×□=270입니다.
➡ □=270÷5, □=54

24 주어진 원기둥을 앞에서 본 모양은 가로가 8 cm, 세로가 7 cm인 직사각형입니다.
➡ (직사각형의 둘레) = (8+7) × 2
                    = 30 (cm)

25 원주는 원의 지름이 길수록 깁니다. 지름이 2배가 되면 원주도 2배가 됩니다.

다른 풀이

(원 ㉮의 원주) = 3 × 3.1 = 9.3 (cm)
(원 ㉯의 원주) = 6 × 3.1 = 18.6 (cm)
➡ 18.6 ÷ 9.3 = 2(배)

26 원주율을 반올림하여 소수 첫째 자리까지 나타내면 3.14…… ➡ 3.1입니다.
(원주) = 3.5 × 2 × 3.1 = 21.7 (cm)

27

28 큰 원의 반지름이 18÷2=9 (cm)이므로 작은 원의 지름도 9 cm입니다.
(큰 원의 원주) = 18 × 3.1 = 55.8 (cm)
(작은 원의 원주) = 9 × 3.1 = 27.9 (cm)
➡ (색칠한 부분의 둘레)
  = 55.8 ÷ 2 + 27.9 ÷ 2 + 9
  = 27.9 + 13.95 + 9 = 50.85 (cm)

29 (교실에 남아 있는 여학생 수)

$$=32 \times \frac{3}{5+3} = 32 \times \frac{3}{8} = 12(명)$$

(처음 교실에 있던 여학생 수) = 12 + 5
                           = 17(명)

30 $2\frac{1}{2} : 1\frac{7}{8} \Rightarrow \frac{5}{2} : \frac{15}{8}$

$\Rightarrow \left(\frac{5}{2} \times 8\right) : \left(\frac{15}{8} \times 8\right)$

➡ 20 : 15 ➡ (20÷5) : (15÷5) ➡ 4 : 3
삼각형 ㄱㄴㄷ의 넓이와 삼각형 ㄱㄷㄹ의 넓이의 비는 밑변인 변 ㄴㄷ과 변 ㄷㄹ의 길이의 비와 같으므로 삼각형 ㄱㄴㄹ의 넓이를 4 : 3으로 나눕니다.
➡ (삼각형 ㄱㄷㄹ의 넓이)

$$=56 \times \frac{3}{4+3} = 56 \times \frac{3}{7} = 24 \text{ (cm}^2)$$

1회 실전 모의고사 41~44쪽

1 9, 3, 3	**2** 7, 7, 4
3 구, 3	**4** 45
5 10개	**6** 2.37
7 ( )( )(○)	**8** 1.5배
9 ㉡, ㉠, ㉢	**10** 7 / 15
11 ㉢	**12** ㉠, ㉢

13

위	앞

14 35권 / 42권	**15** 8개
16 3 : 5, 6 : 10	**17** $\dfrac{2}{5}$
18 144 cm^2	**19** 273송이
20 24 cm	**21** 12 cm
22 ㉠	**23** 437개

24 (모범 답안) ❶ 공을 사고 남은 돈은 처음 가지고 있던 돈의 $1-\dfrac{2}{5}=\dfrac{3}{5}$입니다.

❷ 석규가 처음에 가지고 있던 돈을 □원이라 하면 $□\times\dfrac{3}{5}=900$, $□=900\div\dfrac{3}{5}$ $=\overset{300}{900}\times\dfrac{5}{\underset{1}{3}}=1500$입니다.

따라서 석규가 처음에 가지고 있던 돈은 1500원입니다. **답** 1500원

25 $1\dfrac{31}{36}$	**26** 8 cm
27 5937.5 m^2	**28** 4일

29 (모범 답안) ❶ 수 카드로 가장 큰 대분수를 만들려면 가장 큰 수를 자연수 부분에 쓰고, 나머지 수 중 두 수로 가장 큰 진분수를 만듭니다.

$9\dfrac{4}{5}>9\dfrac{5}{7}$이므로 가장 큰 대분수는 $9\dfrac{4}{5}$입니다.

❷ 남은 7과 1로 진분수를 만들면 $\dfrac{1}{7}$입니다.

❸ (대분수)÷(진분수)$=9\dfrac{4}{5}\div\dfrac{1}{7}$

$=\dfrac{49}{5}\times7=68\dfrac{3}{5}$입니다. **답** $68\dfrac{3}{5}$

30 16개

풀이

1 분모가 같은 진분수끼리의 나눗셈은 분자끼리 나누어 계산할 수 있습니다.

2 나누는 수와 나누어지는 수가 모두 소수 한 자리 수일 때에는 분모가 10인 분수로 고쳐서 계산할 수 있습니다.

3 지름을 기준으로 반원 모양의 종이를 돌려 만든 입체도형은 구이고, 구의 반지름은 반원의 반지름과 길이가 같습니다.

4 $0.7 : 2\dfrac{1}{4}$ ➡ $\dfrac{7}{10} : \dfrac{9}{4}$

➡ $\left(\dfrac{7}{10}\times20\right):\left(\dfrac{9}{4}\times20\right)$

➡ 14 : 45

5 위에서 본 모양을 보면 1층에 7개가 있습니다.
2층에 2개, 3층에 1개이므로 필요한 쌓기나무는 7+2+1=10(개)입니다.

6 $12.3\div5.2=2.365\cdots\cdots$ ➡ 2.37

7 (원주)=(지름)×(원주율)
$\quad=7\times3.14$
$\quad=21.98$ (cm)

8 (강아지의 무게)÷(고양이의 무게)
$\quad=5.4\div3.6=1.5$(배)

9 높이를 알아보면 ㉠ 8 cm, ㉡ 9 cm, ㉢ 6 cm입니다.
따라서 높이가 가장 높은 것부터 차례로 기호를 쓰면 ㉡, ㉠, ㉢입니다.

10 ㉠ cm는 밑면의 반지름이므로
$14 \div 2 = 7$ (cm)입니다. ➡ ㉠$=7$
㉡ cm는 원기둥의 높이이므로 15 cm입니다. ➡ ㉡$=15$

11 ㉢ 반지름이 길어지면 원이 더 커집니다. 원주율은 원의 크기와 상관없이 항상 일정합니다.

12

13 뒤에 숨겨진 쌓기나무가 1개 있습니다.

14 정혜: $77 \times \dfrac{5}{5+6} = 77 \times \dfrac{5}{11} = 35$(권)

유민: $77 \times \dfrac{6}{5+6} = 77 \times \dfrac{6}{11} = 42$(권)

15 쌓기나무의 개수를 위에서 본 모양에 써넣으면 오른쪽과 같습니다.

		위
1		
1	1	
	2	3

➡ (쌓기나무의 개수)
$=1+1+1+2+3$
$=8$(개)

16 $\dfrac{3}{5} \rightarrow 3:5 \Rightarrow (3 \times 2):(5 \times 2) \Rightarrow 6:10$

$\rightarrow 3:5 \Rightarrow (3 \times 3):(5 \times 3) \Rightarrow 9:15$

➡ 전항과 후항이 모두 15 미만인 비는 $3:5$, $6:10$입니다.

17 $2\dfrac{3}{4} \times \square = 1\dfrac{1}{10}$

➡ $\square = 1\dfrac{1}{10} \div 2\dfrac{3}{4} = \dfrac{11}{10} \div \dfrac{11}{4}$

$= \dfrac{\overset{1}{\cancel{11}}}{\underset{5}{\cancel{10}}} \times \dfrac{\overset{2}{\cancel{4}}}{\underset{1}{\cancel{11}}} = \dfrac{2}{5}$

18 (원의 넓이)$=8 \times 8 \times 3 = 192$ (cm²)

(색칠된 부분의 넓이)$=\overset{48}{\cancel{192}} \times \dfrac{3}{\cancel{4}}$

$=144$ (cm²)

19 5학년과 6학년 학생 수의 비를 간단한 자연수의 비로 나타내면
$120:140 \Rightarrow (120 \div 20):(140 \div 20)$
➡ $6:7$입니다.

6학년: $507 \times \dfrac{7}{6+7} = \overset{39}{\cancel{507}} \times \dfrac{7}{\underset{1}{\cancel{13}}}$

$=273$(송이)

20 돌리기 전 평면도형은 왼쪽과 같습니다.

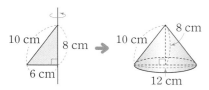

➡ (돌리기 전 평면도형의 둘레)
$=10+6+8=24$ (cm)

21 만들 수 있는 가장 큰 원의 원주는 철사의 길이와 같습니다.
(원의 지름)$=75.36 \div 3.14 = 24$ (cm)
(원의 반지름)$=24 \div 2 = 12$ (cm)

22 ㉠ $7:9=\square:18 \Rightarrow 7 \times 18 = 9 \times \square$,
$9 \times \square = 126$, $\square = 14$
㉡ $4:\square = 24:30 \Rightarrow 4 \times 30 = \square \times 24$,
$\square \times 24 = 120$, $\square = 5$
㉢ $\dfrac{3}{7}:1 = 3:\square \Rightarrow \dfrac{3}{7} \times \square = 1 \times 3$,
$\dfrac{3}{7} \times \square = 3$, $\square = 7$

23 3.5 t$=3500$ kg
$3500 \div 8$의 몫을 자연수 부분까지 구하면 437이므로 무게가 8 kg인 상자를 437개까지 실을 수 있습니다.

24

채점 기준		
❶ 공을 사고 남은 돈은 처음 가지고 있던 돈의 얼마인지 구함.	1점	4점
❷ 석규가 처음에 가지고 있던 돈을 구함.	3점	

25 어떤 수를 □라 하면 $\square \times 2\frac{2}{5} = 10\frac{18}{25}$ 이므

로 $\square = 10\frac{18}{25} \div 2\frac{2}{5} = \frac{\overset{67}{\cancel{268}}}{\cancel{25}} \times \frac{\overset{1}{\cancel{5}}}{\cancel{12}} = \frac{67}{15}$

$= 4\frac{7}{15}$ 입니다. 따라서 바르게 계산하면

$4\frac{7}{15} \div 2\frac{2}{5} = \frac{67}{15} \times \frac{\overset{1}{\cancel{5}}}{\cancel{12}} = \frac{67}{36} = 1\frac{31}{36}$

26 (롤러의 옆면의 넓이)
$= 502.4 \div 2 = 251.2 \ (\text{cm}^2)$
따라서 원기둥의 전개도에서 밑면의 지름을 □ cm라 하면
$\square \times 3.14 \times 10 = 251.2$, $\square = 8$입니다.

27 끝 반원 2개를 합치면 원이 됩니다.
(원의 반지름) $= 50 \div 2 = 25 \ (\text{m})$
➡ (운동장의 넓이)
$= (원의 넓이) + (직사각형의 넓이)$
$= 25 \times 25 \times 3.1 + 80 \times 50$
$= 1937.5 + 4000 = 5937.5 \ (\text{m}^2)$

28 $120.2 \div 9$의 몫을 자연수 부분까지 구하면 13이고 남는 수는 3.2이므로 음식점에서 사용할 수 있는 소금은 3.2 kg입니다.
➡ (음식점에서 소금을 사용할 수 있는 날수)
$= 3.2 \div 0.8 = 4(일)$

29 채점 기준

❶ 조건에 알맞은 대분수를 만듦.	1점	
❷ 조건에 알맞은 진분수를 만듦.	1점	4점
❸ (대분수)÷(진분수)를 바르게 구함.	2점	

30 세 면이 색칠된 쌓기나무 / 두 면이 색칠된 쌓기나무

• 세 면이 색칠된 쌓기나무는 1층에 4개, 4층에 4개이므로 $4 + 4 = 8(개)$입니다.
• 두 면이 색칠된 쌓기나무는 1층에 8개, 2층에 4개, 3층에 4개, 4층에 8개이므로 $8 + 4 + 4 + 8 = 24(개)$입니다.
➡ $24 - 8 = 16(개)$

2회 실전 모의고사　　45～48쪽

1 ④	**2** ×
3 ㉠	**4** 3개
5 ㉡	**6** (예) 63:40
7 18	**8** $1\frac{19}{20}$

9 150, 90

10 (모범 답안) 두 밑면이 합동이 아니므로 원기둥의 전개도가 아닙니다.

11 615.44 cm²	**12** 48 cm²
13 20 L	**14** 가, 다
15 151.9 cm	**16** >
17 ㉠	**18** 430 m
19 5	**20** 5.2 km
21 6 cm	**22** 7
23 5가지	**24** 8 kg
25 49.6 cm	**26** 2바퀴
27 11번	**28** 9가지

29 (모범 답안) ❶ 오늘까지 읽고 남은 쪽수는

동화책 전체 쪽수의 $\left(1 - \frac{3}{8}\right) \times \left(1 - \frac{3}{5}\right)$

$= \frac{\overset{1}{\cancel{5}}}{\underset{4}{\cancel{8}}} \times \frac{\overset{1}{\cancel{2}}}{\underset{1}{\cancel{5}}} = \frac{1}{4}$입니다.

❷ (전체 쪽수) $\times \frac{1}{4} = 40$

(전체 쪽수) $= 40 \div \frac{1}{4} = 40 \times 4$

$= 160(쪽)$　❸ 160쪽

30 1

풀이

1 $\frac{7}{8} \div \frac{3}{5} = \frac{7}{8} \times \frac{5}{3}$

참고

(분수)÷(분수)의 계산
나누는 수의 분모와 분자를 바꾼 다음, ÷를
×로 바꾸어 계산합니다.

$\frac{\bullet}{\blacksquare} \div \frac{\bigstar}{\blacktriangle} = \frac{\bullet}{\blacksquare} \times \frac{\blacktriangle}{\bigstar}$

2 외항의 곱: $4 \times 5 = 20$
내항의 곱: $15 \times 2 = 30$
➡ 외항의 곱과 내항의 곱이 같지 않으므로 비례식이 아닙니다.

참고

두 비의 비율이 같은지, 외항의 곱과 내항의 곱이 같은지 확인합니다.

3 ㉠ 원기둥과 원뿔은 밑면의 모양이 원으로 같습니다.
㉡ 밑면의 수는 원기둥이 2개, 원뿔이 1개입니다.

4 위에서 본 모양을 보면 뒤에 안 보이는 쌓기나무는 없으므로 2층에 쌓은 쌓기나무는 3개입니다.

5 ㉠ 27.2를 분수로 바꾸면
$\dfrac{272}{10}$ 또는 $\dfrac{2720}{100}$입니다.

6 $0.9 : \dfrac{4}{7}$의 전항과 후항에 70을 곱하면
$63 : 40$이 됩니다.

7 원기둥의 전개도에서 옆면의 가로는 밑면의 둘레와 같습니다.
➡ (옆면의 가로)
　 $=$(밑면의 둘레)
　 $= 3 \times 2 \times 3$
　 $= 18 \ (\text{cm})$

8 큰 수: $5\dfrac{5}{12}$, 작은 수: $2\dfrac{7}{9}$

➡ $5\dfrac{5}{12} \div 2\dfrac{7}{9} = \dfrac{65}{12} \div \dfrac{25}{9}$

$= \dfrac{\overset{13}{\cancel{65}}}{\underset{4}{\cancel{12}}} \times \dfrac{\overset{3}{\cancel{9}}}{\underset{5}{\cancel{25}}}$

$= \dfrac{39}{20} = 1\dfrac{19}{20}$

9 샐러드: $240 \times \dfrac{5}{5+3} = 240 \times \dfrac{5}{8}$
$= 150 \ (\text{g})$

멸치볶음: $240 \times \dfrac{3}{5+3} = 240 \times \dfrac{3}{8}$
$= 90 \ (\text{g})$

10 원기둥의 전개도에서 두 밑면은 합동인 원 모양이고 옆면의 모양은 직사각형입니다.

평가 기준

합동이라는 말을 넣어 원기둥의 전개도가 아님을 바르게 설명했으면 정답입니다.

11 (원의 반지름)$= 28 \div 2$
$= 14 \ (\text{cm})$
(원의 넓이)$= 14 \times 14 \times 3.14$
$= 615.44 \ (\text{cm}^2)$

12 색칠한 부분의 넓이는 원의 넓이의 $\dfrac{1}{4}$입니다.
(색칠한 부분의 넓이)$= 8 \times 8 \times 3 \times \dfrac{1}{4}$
$= 48 \ (\text{cm}^2)$

13 ㉮ : ㉯ → $6 : 5$이므로 ㉯ 물통의 들이를 $\square$ L라고 하면 $6 : 5 = 24 : \square$입니다.
➡ $6 \times \square = 5 \times 24$,
　 $6 \times \square = 120$,
　 $\square = 20$

14

가와 다 모양을 연결하여 오른쪽과 같은 모양을 만들 수 있습니다.

15 쟁반을 한 바퀴 굴렸을 때 굴러간 거리는
$49 \times 3.1 = 151.9 \ (\text{cm})$입니다.

16 $4\dfrac{2}{3} \div \dfrac{4}{5} = \dfrac{14}{3} \div \dfrac{4}{5} = \dfrac{\overset{7}{\cancel{14}}}{3} \times \dfrac{5}{\underset{2}{\cancel{4}}}$

$= \dfrac{35}{6} = 5\dfrac{5}{6}$

➡ $5\dfrac{5}{6} > 4\dfrac{1}{5}$

17 위에서 본 모양이 주어진 모양과 같은 것:
㉠, ㉡
옆에서 본 모양이 주어진 모양과 같은 것:
㉠, ㉢

18 (호수의 지름)$=5332 \div 4 \div 3.1$
$=430$ (m)

19 $9 : (15+\square)=63 : 140$
➡ $9 \times 140=(15+\square) \times 63$,
$1260=(15+\square) \times 63$,
$15+\square=20$,
$\square=5$

20 1시간 24분$=1.4$시간
➡ $7.28 \div 1.4=5.2$ (km)이므로 한 시간 동안 걸은 거리는 5.2 km입니다.

21 옆면의 가로는 (밑면의 지름)$\times$(원주율)이므로 밑면의 지름은
(옆면의 가로)$\div$(원주율)
$=36 \div 3=12$ (cm)이고, 밑면의 반지름은
$12 \div 2=6$ (cm)입니다.

22 나눗셈의 몫이 가장 크려면 나누어지는 수는 가장 커야 하고 나누는 수는 가장 작아야 합니다.
➡ $8.4 \div 1.2=7$

23 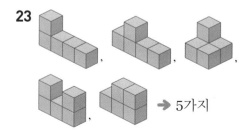 ➡ 5가지

참고

모양을 뒤집거나 돌렸을 때 같은 모양이 나오지 않는지 조건에 맞게 쌓았는지 확인합니다.

24 (두 철근의 길이의 합)
$=\dfrac{1}{4}+\dfrac{1}{2}=\dfrac{1}{4}+\dfrac{2}{4}=\dfrac{3}{4}$ (m)
(철근 1 m의 무게)
$=6 \div \dfrac{3}{4}=\overset{2}{6} \times \dfrac{4}{\underset{1}{3}}=8$ (kg)

25 원의 반지름을 $\square$ cm라 하면
$\square \times \square \times 3.1=198.4$, $\square \times \square=64$,
$\square=8$입니다.
➡ (원주)$=8 \times 2 \times 3.1$
$=49.6$ (cm)

26 (원기둥의 옆면의 넓이)
$=4 \times 2 \times 3.1 \times 18=446.4$ (cm^2)
➡ $892.8 \div 446.4=2$(바퀴)

27 (끈의 도막 수)$=9.36 \div 0.78=12$(도막)
➡ (자른 횟수)$=12-1=11$(번)

28 , , ,
, , ,

➡ 9가지

주의

뒤집거나 돌렸을 때 같은 모양이 없는지 규칙을 정하여 자리를 옮겨 가며 붙여 봅니다.

29

채점 기준		
❶ 오늘까지 읽고 남은 쪽수는 전체 쪽수의 얼마인지 구함.	2점	4점
❷ 전체 쪽수를 구함.	2점	

30 $1.3 \div 2.7=0.481481481 \cdots$
몫의 소수점 아래 숫자가 4, 8, 1로 3개가 반복되는 규칙입니다.
$18 \div 3=6$이므로 몫의 소수 18째 자리 숫자는 1입니다.

1 5.1, 7 **2** ㉡

3 12, 37.2 **4** ㉡

5 3.14, 3.14 **6** $1\frac{1}{20}$

7 ㉈ 4, 3, 16, 12 **8** 은지

9 10개 **10** 12

11 8 cm, 8 cm **12** 7 cm

13 24, 10 **14** 31 cm

15 32970 cm **16** 162 m²

17 8 cm

18

19 ㉡

20 모범답안 ❶ (어떤 수)÷2.7=8이므로
(어떤 수)=2.7×8=21.6입니다.
❷ 따라서 어떤 수를 0.6으로 나눈 몫은
21.6÷0.6=36입니다. 답 36

21 91개, 5.9 g

22

  23 44.1 cm²

24 모범답안 ❶ (벽의 넓이)

$$=6\frac{7}{8}\times 2\frac{4}{5}=\frac{\overset{11}{\cancel{55}}}{\underset{4}{\cancel{8}}}\times\frac{\overset{7}{\cancel{14}}}{\underset{1}{\cancel{5}}}$$

$$=\frac{77}{4}=19\frac{1}{4}\ (m^2)$$

❷ (1 L의 페인트로 칠한 벽의 넓이)

$$=19\frac{1}{4}\div\frac{11}{10}=\frac{77}{4}\div\frac{11}{10}$$

$$=\frac{\overset{7}{\cancel{77}}}{\underset{2}{\cancel{4}}}\times\frac{\overset{5}{\cancel{10}}}{\underset{1}{\cancel{11}}}=\frac{35}{2}=17\frac{1}{2}\ (m^2)$$

답 $17\frac{1}{2}$ m²

25 $2\frac{3}{65}$배 **26** 125 cm²

27 ㉈ 5 : 6 **28** 0.23 kg

29 14개, 12개 **30** 7개

풀이

1 5.1 : 7
전항　　후항
기호 ' : ' 앞에 있는 5.1을 전항, 뒤에 있는
7을 후항이라고 합니다.

2 분모가 같은 진분수의 나눗셈은 분자끼리
계산합니다.

3 (원주)=(지름)×(원주율)
　　　=12×3.1=37.2 (cm)

5 원 가: 21.98÷7=3.14
원 나: 53.38÷17=3.14

6 $\dfrac{9}{10}\div\dfrac{6}{7}=\dfrac{9}{10}\times\dfrac{7}{\underset{2}{\cancel{6}}^{3}}$

$$=\frac{21}{20}=1\frac{1}{20}$$

7 4:9의 비율 ➡ $\dfrac{4}{9}$

4:3의 비율 ➡ $\dfrac{4}{3}$

3:5의 비율 ➡ $\dfrac{3}{5}$

16:12의 비율 ➡ $\dfrac{16}{12}\left(=\dfrac{4}{3}\right)$

8 연우: 각기둥의 밑면의 모양은 다각형입니다.

9 1층에 6개, 2층에 3개, 3층에 1개이므로
주어진 모양과 똑같이 쌓는 데 필요한 쌓기
나무는 6+3+1=10(개)입니다.

10 5.16÷0.43=12

11 밑면의 지름은 반지름의 2배이므로
4×2=8 (cm)입니다.
앞에서 본 모양이 정사각형이므로 원기둥
의 높이와 밑면의 지름은 같습니다.
➡ 높이: 8 cm

12 원뿔의 높이: 8 cm
원기둥의 높이: 15 cm
➡ $15-8=7$ (cm)

13 (외항의 곱)=(내항의 곱)이므로
$12×ⓛ=5×③=120$입니다.
따라서 ⓛ$=10$, ③$=24$입니다.

14 $5×2×3.1=31$ (cm)

15 (굴렁쇠의 둘레)$=42×3.14$
  $=131.88$ (cm)
(집에서 학교까지의 거리)$=131.88×250$
  $=32970$ (cm)

16 $252×\dfrac{9}{9+5}=252×\dfrac{9}{14}$
  $=162$ (m^2)

17 반원 모양의 종이를 한 바퀴 돌리면 구가
만들어지며 반원의 지름의 반이 구의 반지
름이 되므로 만든 입체도형의 반지름은
$16÷2=8$ (cm)입니다.

18 앞과 옆에서 본 모양은 각 방향에서 각 줄
의 가장 높은 층만큼 그립니다.

19 ③ $3\dfrac{1}{4}÷\dfrac{1}{2}=\dfrac{13}{4}÷\dfrac{1}{2}$

$=\dfrac{13}{\overset{}{\underset{2}{4}}}×\overset{1}{2}$

$=\dfrac{13}{2}=6\dfrac{1}{2}$

ⓛ $7÷\dfrac{3}{4}=7×\dfrac{4}{3}$

$=\dfrac{28}{3}=9\dfrac{1}{3}$

➡ $9\dfrac{1}{3}>6\dfrac{1}{2}$이므로 계산 결과가 더 큰 것
은 ⓛ입니다.

20

채점 기준		
❶ 어떤 수를 구함.	2점	4점
❷ 어떤 수를 0.6으로 나눈 몫을 구함.	2점	

21 (전체 원료의 양)÷(장난감 1개를 만드는
데 필요한 원료의 양)$=824.9÷9$
➡ 몫: 91개,
  남는 양: 5.9 g

22 주어진 쌓기나무 모양 2가지를 뒤집거나 돌
려서 만든 모양을 붙여서 새로운 모양을 만
듭니다.

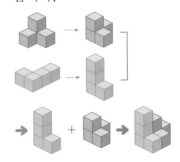

23 (색칠한 부분의 넓이)
$=$(정사각형의 넓이)$-$(원의 넓이)
$=14×14-7×7×3.1$
$=196-151.9$
$=44.1$ (cm^2)

24

채점 기준		
❶ 벽의 넓이를 구함.	2점	4점
❷ 1 L로 벽을 몇 m^2 칠했는지 구함.	2점	

25 만들 수 있는 가장 큰 대분수: $7\dfrac{3}{5}$

만들 수 있는 가장 작은 대분수: $3\dfrac{5}{7}$

➡ $7\dfrac{3}{5}÷3\dfrac{5}{7}=\dfrac{38}{5}÷\dfrac{26}{7}$

$=\dfrac{\overset{19}{38}}{5}×\dfrac{7}{\underset{13}{26}}$

$=\dfrac{133}{65}=2\dfrac{3}{65}$(배)

26 (반지름)$=20\div4$
          $=5$ (cm)
(색칠한 부분의 넓이)
$=$(원의 넓이)$+$(삼각형의 넓이)
$=5\times5\times3+20\times5\div2$
$=75+50$
$=125$ (cm²)

27 겹쳐진 부분의 넓이는 같으므로

(가의 넓이)$\times0.4=$(나의 넓이)$\times\dfrac{1}{3}$ 입니다.

(가의 넓이) : (나의 넓이)

➡ $\dfrac{1}{3} : 0.4$ ➡ $\dfrac{1}{3} : \dfrac{4}{10}$

➡ $\left(\dfrac{1}{3}\times30\right) : \left(\dfrac{4}{10}\times30\right)$

➡ $10 : 12$ ➡ $(10\div2) : (12\div2)$

➡ $5 : 6$

28 (음료수 34개의 무게)
$=24.58-16.9$
$=7.68$ (kg)
(음료수 한 개의 무게)
$=7.68\div34$
$=0.225\cdots\cdots$
➡ 0.23 kg

29
  또는

가장 많은 경우   가장 적은 경우
➡ 14개   ➡ 12개

30 반올림하여 소수 둘째 자리까지 나타내었을 때, 5.53이 되는 수의 범위는 5.525 이상 5.535 미만입니다.
$5.525\times9.3=51.3825$,
$5.535\times9.3=51.4755$이므로 나누어지는 수의 범위는 51.3825 이상 51.4755 미만입니다.
따라서 □ 안에 들어갈 수 있는 한 자리 수는 0, 1, 2, 3, 4, 5, 6으로 모두 7개입니다.

4회 실전 모의고사   **53~56쪽**

1 ③
2 (위에서부터) 6, 3
3 3개   **4** 3.1, 30
5 23   **6** 모선의 길이
7 21   **8** 30, 42
9 (○)(   )   **10** 198.4 cm²
11   **12** $1\dfrac{1}{5}$ m

                    13 $1\dfrac{1}{8}$ 배

14 $47.88\div0.84=57$, 57개
15 ㉡   **16** 75분
17 모범답안 ❶ 원을 만드는 데 사용한 노끈의 길이는 만든 원의 원주와 같습니다.
(만든 원의 원주)$=13\times2\times3=78$ (cm)
❷ (원을 만들고 남은 노끈의 길이)
$=100-78=22$ (cm)   답 22 cm
18 3가지   **19** 334.8 cm²
20 $15\dfrac{15}{26}$ km   **21** 8 cm²

22 $\dfrac{4}{5}\div\dfrac{3}{5}$ **23** 15 cm

24 22.5 cm²
25 모범답안 ❶ 2시간 18분$=2\dfrac{18}{60}$시간
                     $=2.3$시간
❷ $42.195\div2.3=18.345\cdots\cdots$
❸ 반올림하여 소수 둘째 자리까지 나타내면 18.35이므로 이 선수가 1시간 동안 달린 거리는 18.35 km입니다.
                   답 18.35 km

26 3.33 cm   **27** $\dfrac{1}{3}$

28 4   **29** 8개
30 36개

풀이

2 $\dfrac{1}{2} : \dfrac{1}{3}$의 전항과 후항에 분모의 최소공배수인 6을 곱하면 $3 : 2$가 됩니다.

3 ㉠에 3층까지 쌓여 있습니다. → 3개

4 (지름)=(원주)÷(원주율)
$$=93 \div 3.1$$
$$=30 \,(\text{cm})$$

5 $55.2 \div 2.4 = 23$

6 모선에 자를 대었으므로 모선의 길이를 재는 그림입니다.

7 $5 : 7 = 15 : \square$,
$5 \times \square = 7 \times 15$,
$5 \times \square = 105$,
$\square = 21$

8 $72 \times \dfrac{5}{5+7} = 72 \times \dfrac{5}{12}$
$$=30$$
$72 \times \dfrac{7}{5+7} = 72 \times \dfrac{7}{12}$
$$=42$$

9 ∥보기∥의 모양을 돌리거나 뒤집어도 오른쪽과 같은 모양은 나오지 않습니다.

10 (원의 넓이)$=8 \times 8 \times 3.1$
$$=198.4 \,(\text{cm}^2)$$

12 (가로)$=\dfrac{16}{25} \div \dfrac{8}{15}$
$$=\dfrac{\overset{2}{\cancel{16}}}{\underset{5}{\cancel{25}}} \times \dfrac{\overset{3}{\cancel{15}}}{\underset{1}{\cancel{8}}}$$
$$=\dfrac{6}{5}=1\dfrac{1}{5} \,(\text{m})$$

13 (혜미가 만든 수건의 넓이)
÷(민수가 만든 수건의 넓이)
$$=1\dfrac{1}{20} \div \dfrac{14}{15} = \dfrac{21}{20} \div \dfrac{14}{15} = \dfrac{\overset{3}{\cancel{21}}}{\underset{4}{\cancel{20}}} \times \dfrac{\overset{3}{\cancel{15}}}{\underset{2}{\cancel{14}}}$$
$$=\dfrac{9}{8}=1\dfrac{1}{8}(\text{배})$$

14 (포장할 수 있는 상자의 수)
$$=47.88 \div 0.84$$
$$=57(\text{개})$$

15 ㉠ 원기둥은 앞과 옆에서 본 모양이 직사각형입니다.
원뿔은 앞과 옆에서 본 모양이 삼각형입니다.

16 350 L들이의 욕조에 물을 가득 채우는 데 걸리는 시간을 $\square$분이라 하면
$9 : 42 = \square : 350$,
$9 \times 350 = 42 \times \square$,
$42 \times \square = 3150$,
$\square = 75$입니다.

17

채점 기준		
❶ 만든 원의 원주를 구함.	2점	4점
❷ 남은 노끈의 길이를 구함.	2점	

18

→ 3가지

19 9점 이상을 얻을 수 있는 부분의 넓이:
$12 \times 12 \times 3.1 = 446.4 \,(\text{cm}^2)$
10점을 얻을 수 있는 부분의 넓이:
$6 \times 6 \times 3.1 = 111.6 \,(\text{cm}^2)$
→ $446.4 - 111.6 = 334.8 \,(\text{cm}^2)$

20 1시간 5분$=1\dfrac{5}{60}$시간$=1\dfrac{1}{12}$시간
(한 시간 동안 간 거리)
$$=16\dfrac{7}{8} \div 1\dfrac{1}{12}$$
$$=\dfrac{135}{8} \div \dfrac{13}{12}$$
$$=\dfrac{135}{\underset{2}{\cancel{8}}} \times \dfrac{\overset{3}{\cancel{12}}}{13}$$
$$=\dfrac{405}{26}=15\dfrac{15}{26} \,(\text{km})$$

21 돌리기 전의 평면도형은 오른쪽과 같은 직사각형입니다.

➡ (직사각형의 넓이)

$= 2 \times 4$

$= 8 \ (\text{cm}^2)$

4 cm

2 cm

22 $4 \div 3$을 이용해야 하는 분모가 같은 진분수의 나눗셈이고 분모는 6보다 작아야 하므로 $\dfrac{4}{5} \div \dfrac{3}{5}$입니다.

23 $4 \times 2 \times 3.14 \times \square = 376.8$

➡ $25.12 \times \square = 376.8$,

$\square = 15$

따라서 원기둥의 높이는 15 cm입니다.

24 (정사각형의 넓이) $= 10 \times 10$

$= 100 \ (\text{cm}^2)$

(색칠하지 않은 부분의 넓이)

$= 10 \times 10 \times 3.1 \div 4$

$= 77.5 \ (\text{cm}^2)$

➡ (색칠한 부분의 넓이) $= 100 - 77.5$

$= 22.5 \ (\text{cm}^2)$

25

채점 기준

❶ 2시간 18분을 시간 단위로 나타냄.	1점	
❷ 소수의 나눗셈을 바르게 계산함.	2점	4점
❸ 반올림하여 답을 바르게 구함.	1점	

26 $\{(윗변) + (아랫변)\} \times (높이) \div 2$

$= (사다리꼴의 넓이)$

윗변의 길이를 $\square$ cm라 하면

$(\square + 5.27) \times 3.8 \div 2 = 16.34$

$(\square + 5.27) \times 3.8 = 32.68$

$\square + 5.27 = 8.6$

$\square = 8.6 - 5.27$

$= 3.33$입니다.

27 $6 \div \dfrac{4}{9} = \overset{3}{6} \times \dfrac{9}{\underset{2}{4}} = \dfrac{27}{2} = 13\dfrac{1}{2}$

➡ $\blacktriangle = 13\dfrac{1}{2}$

$\blacksquare \times \blacktriangle = 4\dfrac{1}{2}$, $\blacksquare \times 13\dfrac{1}{2} = 4\dfrac{1}{2}$

$\blacksquare = 4\dfrac{1}{2} \div 13\dfrac{1}{2}$

$= \dfrac{9}{2} \div \dfrac{27}{2}$

$= 9 \div 27$

$= \dfrac{9}{27} = \dfrac{1}{3}$

참고

① 식을 계산하여 $\blacktriangle$의 값을 구합니다.

② $\blacktriangle$의 값을 이용하여 $\blacksquare$를 구합니다.

28 몫이 가장 큰 (소수 한 자리 수)÷(소수 한 자리 수)의 나눗셈식을 만들려면 가장 큰 소수 한 자리 수를 가장 작은 소수 한 자리 수로 나누면 됩니다.

가장 큰 소수 한 자리 수: 9.6

가장 작은 소수 한 자리 수: 2.4

➡ $9.6 \div 2.4 = 4$

29

 ➡ 8개

30 현지와 아라가 가지고 있는 구슬 수의 비가 2 : 3이므로 가지고 있는 구슬은 현지가 $(2 \times \square)$개, 아라가 $(3 \times \square)$개입니다.

$(2 \times \square + 3) : (3 \times \square - 3) = 9 : 11$이므로

$(2 \times \square + 3) \times 11 = (3 \times \square - 3) \times 9$,

$22 \times \square + 33 = 27 \times \square - 27$,

$5 \times \square = 60$,

$\square = 12$입니다.

➡ $3 \times \square = 3 \times 12$

$= 36(개)$

1회 심화 모의고사 57~60쪽

1 8 cm

2 ②, ④

3 예 $36:25$

4 5, 6.9

5 $2\dfrac{11}{12}$

6 49.6 cm

7
$$0.5\overline{)\,2\,4}$$
$$\begin{array}{r} 4\;8 \\ \underline{2\;0} \\ 4\;0 \\ \underline{4\;0} \\ 0 \end{array}$$

8 11개

9 113.04 cm^2

10
앞

11 $\dfrac{4}{5}$

12 4.5배

13 원뿔

14 나

15 1.6배

16 예 $4:3$

17 960000원

18 2가지

19 42

20 372 cm^2

21 모범 답안 ❶ 밑면의 지름은
$24\div3=8\,(\text{cm})$입니다.
❷ ➡ (밑면의 반지름)$=8\div2=4\,(\text{cm})$
답 4 cm

22 모범 답안 ❶ (밑변의 길이)$\times$(높이)$\div2$
$=$(삼각형의 넓이)이므로
$8\dfrac{3}{4}\times\square\div2=29\dfrac{1}{6}$입니다.

❷ ➡ $\square=29\dfrac{1}{6}\times2\div8\dfrac{3}{4}$

$$=\dfrac{\overset{5}{175}}{\underset{3}{6}}\times\overset{1}{2}\times\dfrac{4}{\underset{1}{35}}=\dfrac{20}{3}$$

$$=6\dfrac{2}{3}$$
답 $6\dfrac{2}{3}$

23 $5\dfrac{3}{5}$

24 530.66 cm^2

25 $2\dfrac{1}{2}$ km

26 3

27 11 cm

28 14개

29 80.24 cm^2

30 6 cm

풀이

1 원기둥의 두 밑면에 수직인 선분의 길이는
8 cm입니다.

2 ② $\underline{6}:16=3:\underline{8}$
외항

④ $\underline{8}:12=4:\underline{6}$
외항

3 $3.6:2.5$ ➡ $(3.6\times10):(2.5\times10)$
➡ $36:25$

참고

비의 전항과 후항에 0이 아닌 같은 수를 곱하여
도 비율은 같습니다.

4
$$7\overline{)\,4\,1.9}$$
$$\begin{array}{r} 5 \\ \underline{3\;5} \\ 6.9 \end{array}$$
➡ ㉠$=5$, ㉡$=6.9$

5 $1\dfrac{3}{4}\div\dfrac{3}{5}=\dfrac{7}{4}\div\dfrac{3}{5}$

$$=\dfrac{7}{4}\times\dfrac{5}{3}$$

$$=\dfrac{35}{12}=2\dfrac{11}{12}$$

6 (원주)$=8\times2\times3.1=49.6\,(\text{cm})$

참고

(원주)$=$(지름)$\times$(원주율)
$\quad\quad=$(반지름)$\times2\times$(원주율)

7 소수점을 옮겨서 계산한 경우 몫의 소수점은
옮긴 소수점의 위치에 맞추어 찍어야 합니다.

8 1층에 6개, 2층에 4개, 3층에 1개입니다.
따라서 필요한 쌓기나무는 모두
$6+4+1=11$(개)입니다.

9 (원의 넓이)
$=$(반지름)$\times$(반지름)$\times$(원주율)
$=6\times6\times3.14=113.04\,(\text{cm}^2)$

10 앞에서 보았을 때 각 줄의 가장 높은 층만큼
그립니다.

11 ㉠=5, ㉡=$6\frac{1}{4}$

➡ ㉠÷㉡=$5\div6\frac{1}{4}=5\div\frac{25}{4}$

$$=\overset{1}{5}\times\frac{4}{\underset{5}{25}}=\frac{4}{5}$$

12 (집에서 병원까지의 거리)
÷(집에서 학교까지의 거리)
$=2.25\div0.5=4.5$(배)

13 원뿔을 위에서 보면 원 모양, 앞과 옆에서 보면 삼각형 모양입니다.

14 나

15 $74.5\div45.8=1.62\cdots$ ➡ 1.6배

16 $\frac{1}{3}:\frac{1}{4}$의 전항과 후항에 분모의 최소공배수인 12를 곱하면 4 : 3이 됩니다.

17 $1680000\times\frac{4}{4+3}=1680000\times\frac{4}{7}$

$$=960000(원)$$

18

➡ 2가지

19 $(52-\square)$를 △라 하면 $0.8:4=\triangle:50$입니다.

$0.8\times50=4\times\triangle$, $4\times\triangle=40$, $\triangle=10$

➡ $52-\square=10$이므로 $\square=42$입니다.

20 (물감이 묻은 부분의 넓이)=(옆면의 넓이)
$=3\times2\times3.1\times20=372\ (cm^2)$

21
채점 기준		
❶ 밑면의 지름의 길이를 구함.	2점	4점
❷ 밑면의 반지름의 길이를 구함.	2점	

22
채점 기준		
❶ $\square$를 사용하여 삼각형의 넓이를 구하는 식을 세움.	2점	4점
❷ $\square$ 안에 알맞은 수를 구함.	2점	

23 $1\frac{2}{5}\div\frac{2}{3}=\frac{7}{5}\div\frac{2}{3}=\frac{7}{5}\times\frac{3}{2}$

$$=\frac{21}{10}=2\frac{1}{10}$$

$㉠\times\frac{3}{8}=1\frac{2}{5}\div\frac{2}{3}$에서

$㉠\times\frac{3}{8}=2\frac{1}{10}$

$㉠=2\frac{1}{10}\div\frac{3}{8}=\frac{21}{10}\div\frac{3}{8}$

$$=\frac{\overset{7}{21}}{\underset{5}{10}}\times\frac{\overset{4}{8}}{\underset{1}{3}}=\frac{28}{5}=5\frac{3}{5}$$

참고

① 계산할 수 있는 분수의 나눗셈을 계산하여 식을 간단히 합니다.
② ㉠에 알맞은 수를 구합니다.

24 직사각형의 가로가 36 cm, 세로가 26 cm일 때 만들 수 있는 가장 큰 원의 지름은 26 cm입니다.
지름이 26 cm인 원의 반지름은 13 cm이므로 원주율이 3.14일 때 원의 넓이는
$13\times13\times3.14=530.66\ (cm^2)$입니다.

참고

직사각형의 가로와 세로 중 짧은 길이가 만들 수 있는 원의 지름이 됩니다.

25 1시간 15분=$1\frac{15}{60}$시간=$1\frac{1}{4}$시간
(1시간 동안 걸을 수 있는 거리)

$$=3\frac{3}{4}\div1\frac{1}{4}=\frac{15}{4}\div\frac{5}{4}$$

$$=\frac{\overset{3}{15}}{\underset{1}{4}}\times\frac{\overset{1}{4}}{\underset{1}{5}}=3\ (km)$$

$\left(\frac{5}{6}$시간 동안 걸을 수 있는 거리$\right)$

$$=\overset{1}{3}\times\frac{5}{\underset{2}{6}}=\frac{5}{2}=2\frac{1}{2}\ (km)$$

26 $50.2 \div 3 = 16.73333\cdots$

몫의 소수 둘째 자리 숫자부터 3이 반복되므로 몫의 소수 30째 자리 숫자는 3입니다.

27 (큰 원의 지름)$=36 \div 3$
$\qquad\qquad\qquad =12$ (cm)
(큰 원의 반지름)$=12 \div 2$
$\qquad\qquad\qquad\quad =6$ (cm)
➡ (선분 ㄱㄴ의 길이)
$\quad =$(작은 원의 반지름)$+$(큰 원의 반지름)
$\quad =5+6$
$\quad =11$ (cm)

28 될 수 있는 대로 많은 쌓기나무를 사용해서 쌓아야 하므로 위에서 본 모양은 오른쪽과 같아야 합니다.

➡
위

1	2	2
1	3	2	←옆 : 14개
1	1	1

앞

29 (페인트를 칠한 부분의 넓이)
$\quad =(1 \times 1 \times 3.14 \div 2) \times 2 + 1 \times 2 \times 3.14$
$\qquad \div 2 \times 15 + 2 \times 15$
$\quad =3.14 + 47.1 + 30$
$\quad =80.24$ (cm^2)

30 색칠한 부분 ㉮와 ㉯의 넓이가 같고 색칠하지 않은 부분이 공통된 부분이므로 원과 직사각형의 넓이는 같습니다.
원의 반지름을 □ cm라 하면
(원의 넓이)$=$(직사각형의 넓이)이므로
$\square \times \square \times 3 = (\square + 12) \times \square$입니다.
➡ $\square \times 3 = \square + 12$,
$\qquad \square \times 2 = 12$,
$\qquad \square = 6$
따라서 원의 반지름은 6 cm입니다.

2회 실화 모의고사   61~64쪽

1 ㉡   **2** 6 cm

3 12   **4** ㉠

5 $1\dfrac{17}{18}$ **6** 1.9

7 ㉡   **8**
위

3	3
3	2
2	1	←옆
2	

앞

9 706.5 cm^2

10 3개

11 ㉢

12 $2\dfrac{1}{2} \div 1\dfrac{1}{2} = 1\dfrac{2}{3}$,

$\qquad 1\dfrac{2}{3}$배

13 (예) 43 : 27   **14** 3배

15 24 cm   **16** 217 cm^2

17 ㉡, ㉢

18 (모범 답안) ❶ 나무의 그림자 길이를 □ cm라 하면 2 m$=$200 cm이므로
$160 : 180 = 200 : \square$입니다.
❷ ➡ $160 \times \square = 180 \times 200$,
$160 \times \square = 36000$, $\square = 225$

답 225 cm

19 ㉡   **20** 8개

21 (모범 답안) ❶ (간격 수)$=5\dfrac{5}{6} \div \dfrac{1}{54}$

$= \dfrac{35}{6} \div \dfrac{1}{54} = \dfrac{35}{\overset{}{6}} \times \overset{9}{54} = 315$(군데)

❷ 따라서 필요한 가로등은
$315 + 1 = 316$(개)입니다.

답 316개

22 $1\dfrac{8}{21}$배   **23** 111.6 cm^2

24 7개   **25** 60 cm

26 $7\dfrac{7}{9}$ cm   **27** 146.52 cm^2

28 40 cm^2 **29** 3가지

30 5.25 cm^2

풀이

1 $24:30 \rightarrow (24\div6):(30\div6) \rightarrow 4:5$

2 직각삼각형 모양의 종이를 한 변을 기준으로 돌려 만든 입체도형은 원뿔입니다.
밑면의 반지름이 3 cm이므로 지름은
$3\times2=6$ (cm)입니다.

3 $33\div2.75=3300\div275=12$

4 주어진 모양에 쌓기나무 1개를 더 붙여서 ㉢과 같은 모양을 만들 수 없습니다.

5 $3\frac{1}{2} > 1\frac{4}{5}$

$\rightarrow 3\frac{1}{2}\div1\frac{4}{5}=\frac{7}{2}\div\frac{9}{5}=\frac{7}{2}\times\frac{5}{9}$

$=\frac{35}{18}=1\frac{17}{18}$

6 $5.2\div2.7=1.92\cdots\cdots \rightarrow 1.9$

7 비의 전항은 각각 5, 6이므로 전항이 더 큰 비는 ㉡ $6:7$입니다.

9 종이에서 오릴 수 있는 가장 큰 원의 지름은 30 cm이므로 반지름은 15 cm입니다.
따라서 만든 원의 넓이는
$15\times15\times3.14=706.5$ (cm²)입니다.

10 (필요한 상자 수)$=4.92\div1.64=3$(개)

11

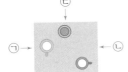

㉢에서 본 그림:

12 (고추장의 양)$\div$(설탕의 양)

$=2\frac{1}{2}\div1\frac{1}{2}=\frac{5}{2}\div\frac{3}{2}$

$=5\div3=\frac{5}{3}=1\frac{2}{3}$(배)

13 $8.6:5.4 \rightarrow (8.6\times10):(5.4\times10)$

$\rightarrow 86:54 \rightarrow (86\div2):(54\div2)$

$\rightarrow 43:27$

14 (지영이의 몸무게)$\div$(동생의 몸무게)

$=32.4\div10.8$

$=3$(배)

15 직각삼각형의 높이를 □ cm라 하면
$5:8=15:\square$,
$5\times\square=8\times15$,
$5\times\square=120$,
$\square=24$입니다.

16 (필요한 포장지의 넓이)

$=$(옆면의 넓이)

$=7\times2\times3.1\times5$

$=217$ (cm²)

> **참고**
>
> (옆면의 넓이)
> $=$(밑면의 둘레)$\times$(높이)
> $=$(반지름)$\times2\times$(원주율)$\times$(높이)

17 ㉠ 원기둥의 밑면은 2개, 원뿔의 밑면은 1개입니다.
㉣ 원기둥은 둥근기둥 모양, 원뿔은 둥근뿔 모양입니다.

18

채점 기준		
❶ 나무의 그림자 길이를 □ cm라 하여 비례식을 세움.	2점	4점
❷ 나무의 그림자 길이를 구함.	2점	

19 원주로 원의 크기를 비교할 수 있습니다.
㉠ (원주)$=7\times2\times3.1$
$=43.4$ (cm)

$\rightarrow 43.4<49.6$이므로 크기가 더 큰 원은 ㉡입니다.

20

3	2	1
1	1	

$\rightarrow 3+2+1+1+1=8$(개)

21

채점 기준		
❶ 간격 수를 구함.	3점	4점
❷ 필요한 가로등 수를 구함.	1점	

22 만들 수 있는 가장 작은 대분수: $4\frac{5}{6}$

$$\rightarrow 4\frac{5}{6} \div 3\frac{1}{2} = \frac{29}{6} \div \frac{7}{2}$$

$$= \frac{29}{6} \times \frac{\overset{1}{\cancel{2}}}{7}$$
$$\phantom{=\frac{29}{6}\times}{}_{3}$$

$$= \frac{29}{21} = 1\frac{8}{21} \ (\text{배})$$

23 밑면의 지름은 $37.2 \div 3.1 = 12$ (cm)이고
밑면의 반지름은 $12 \div 2 = 6$ (cm)이므로
(한 밑면의 넓이)$= 6 \times 6 \times 3.1$
$= 111.6$ (cm^2)입니다.

24 (원주)$= 4 \times 2 \times 3.14$
$= 25.12$ (cm)
$190 \div 25.12 = 7.56 \cdots\cdots$
따라서 반지름이 4 cm인 원을 7개까지 만들 수 있습니다.

25 (색칠한 부분의 둘레)
=(지름이 10 cm인 원의 원주)$\div 2 \times 2$
+(반지름이 10 cm인 원의 원주)$\div 2$
$= 10 \times 3 \div 2 \times 2 + 10 \times 2 \times 3 \div 2$
$= 30 + 30$
$= 60$ (cm)

26 $\left(2\frac{1}{4}$시간 동안 탄 양초의 길이$\right)$

$$= 20 - 2\frac{1}{2}$$

$$= 17\frac{1}{2} \ (\text{cm})$$

(한 시간에 탄 양초의 길이)

$$= 17\frac{1}{2} \div 2\frac{1}{4} = \frac{35}{2} \div \frac{9}{4}$$

$$= \frac{35}{2} \times \frac{\overset{2}{\cancel{4}}}{9} = \frac{70}{9} = 7\frac{7}{9} \ (\text{cm})$$
$$\phantom{=\frac{35}{2}\times}{}_{1}$$

따라서 양초는 한 시간에 $7\frac{7}{9}$ cm씩 탄 셈입니다.

27 (색칠한 부분의 넓이)
=(반원의 넓이)+(삼각형의 넓이)
$= 6 \times 6 \times 3.14 \div 2 + 12 \times 15 \div 2$
$= 56.52 + 90$
$= 146.52$ (cm^2)

28

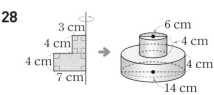

(돌리기 전의 평면도형의 넓이)
=(작은 직사각형의 넓이)+(큰 직사각형의 넓이)
$= 3 \times 4 + 7 \times 4$
$= 12 + 28$
$= 40$ (cm^2)

29

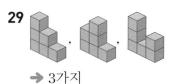

$\rightarrow$ 3가지

30 $\{12.4 + (\text{변 ㄴㄷ})\} \times 7.5 \div 2 = 82.5$
(변 ㄴㄷ)$= 82.5 \times 2 \div 7.5 - 12.4$
$= 9.6$ (cm)
선분 ㄴㅁ과 선분 ㅁㄹ의 길이가 같으므로 각각의 선분을 밑변으로 하는 삼각형 ㄱㄴㅁ과 삼각형 ㄱㅁㄹ의 넓이는 같고, 삼각형 ㄴㄷㅁ과 삼각형 ㅁㄷㄹ의 넓이는 같습니다.
(사각형 ㄱㄴㄷㅁ의 넓이)
$= 82.5 \div 2$
$= 41.25$ (cm^2)
(삼각형 ㄱㄴㄷ의 넓이)
$= 9.6 \times 7.5 \div 2$
$= 36$ (cm^2)
$\rightarrow$ (삼각형 ㄱㄷㅁ의 넓이)
$= 41.25 - 36$
$= 5.25$ (cm^2)

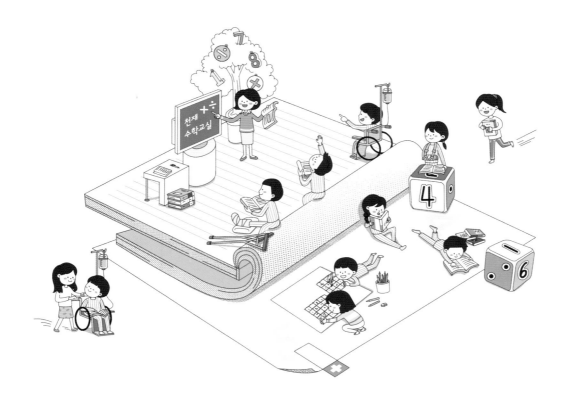

"공부를 넘어 희망을 나눕니다"

몸이 아파서 학교에 갈 수 없는 아이들도
공평하게 배움의 기회를 누려야 합니다.
공부를 하고 싶고
책을 읽고 싶어도
맘껏 할 수 없는 아이들을 위해
병원으로 직접 찾아가는 천재교육의 학습봉사단.

혼자가 아니라는 작은 위안이
미래의 꿈을 꿀 수 있는
큰 용기로 이어지길 바라며
천재교육은 앞으로도 꾸준히 나눔의 뜻을 실천하며
세상과 소통해 나가겠습니다.

천재교육

<꿈이 자라는 천재 수학교실>이 환아들의 꿈을 응원합니다.

가톨릭중앙의료원 산하 서울성모병원 어린이학교에서
주 1회 <꿈이 자라는 천재 수학교실> 수업 진행

착한 기업으로 가기 위한 동행, 천재교육이 함께하겠습니다.

저소득층 자녀를 위한 학습교재 지원 / 장학금 후원 / 시각장애인을 위한
점자책 데이터 지원 / 고도 약시를 위한 교과서 및 학습교재 개발

수학 경시대회

해법 **수학 경시대회 기출문제**

정답 및 풀이

초등학교   학년   반   번

이름